我們所處的，是一個前所未有的紛繁蕪雜而且多變的時代，亂花迷眼的同時，迷惘困惑也接踵而至，子毅的新書以獨特的視角和感情給我們帶來了一個新的啓發和可能也給許多未曾深入去思考的人們帶來了一種新的中國語法。

任重

戊戌九月初十九北京

# 中国活法

Ⅲ

Chinese Style

张子毅 著

人民东方出版传媒
東方出版社

# 自序

## 活在当下，不安于当下

在新时代，中国的发展速度早已超乎寻常，逐步走在了世界的前列。我们庆幸自己生活在这个时代，庆幸自己可以见证中国一路的成长，这种成长成了《中国活法》系列作品的源头。

《中国活法 III》与前两部作品一样，都旨在记录中国社会的变迁。有所区别的是，这次我要记录的是改革开放 40 年间，中国在有基础以及没有基础的领域开疆辟土的历程。这一历程足够波澜壮阔，振奋人心！

改革开放走过 40 年，让经历过百年沧桑的中国成为世界东方的一颗耀眼明珠。说到生活的改变，令我感触最深的是交通的变化。交通是经济发展的命脉，它像血管一样，带动着经济的健康发展。近年来，很多的交通线路就好像是不经意间创造出来的奇迹。高铁是国人的骄傲，每次我坐上高铁，内心都无比自豪，充满自信。中国高铁已经成为世界的领跑者，不仅造福中国的老百姓，也将这份福利带到国外，与世界共享。

昔日下地铁步行的人们不需要再用自己的脚步测量路程，骑上停在路边的共享单车就可以到自己的去处，不仅环保，而且省力。

中国是农业大国，多年来农民问题备受重视，精准扶贫让扶贫从粗放到精准，农民不仅收入增加了，绿色发展也让乡村自然生态得到改善，变得更为舒适宜居。农村铺上了柏油路，通上了互联网，给农村村民跟上时代的步伐创造了条件。

改革开放后老百姓的精神世界也明显变化。一向慵懒的我不得不勤奋起来，不再是被动享受生活，而是主动追求更美好的前景。此时不禁感慨，中华民族从过去的贫弱走向富强，在实现伟大复兴的道路上快马加鞭，从落后的跟跑者变成了世界的领跑者，中国的变化不仅国人感受得到，也让全世界瞩目。

当然，也有一些“小插曲”，就仿佛平静的湖面上难免泛起波浪。有些不良社会现象暴露出来并非偶然，恰恰是时代不可避免的产物。前进的道路上总是会遇到挫折，没有关系，只要目标明确，只要理想和信念坚定，就能鼓起勇气继续前行。

静下心来想一想中国 40 年来的变化，我感触良多，便努力借《中国活法 III》将中国改革开放的精彩呈现出来，谈谈自己的体会，也揭示发展中还存在的弊端，希望能给自己和读者一些警示，以便更走好行稳。

“忽如一夜春风来，千树万树梨花开”，活在当下，不安于当下，也许是对中国当前局势最好的形容。

# 目录

## 第一章 气度，民族文化的自信格局 001

以良心处事，赢得正面回馈 002
专业、敬业，是永恒不变的生存之根 005
有创新，才有打动人心的力量 009
文化自信，民族才会更自信 014
文化的多元载体，能让民族精神永存 017

## 第二章 法律为基，道德为端 021

道德是最高标准的法律，法律是最低限度的道德 022
保持清醒，有辨真伪的能力 026
公道有尺度，不做无道无德之人 029
留存底线，永远葆有一颗善心 031
分歧之下，不做法盲之众 034

## 第三章
## 重教之道：取精华，去糟粕 037

安全教育，呵护幼小的心灵重于一切 038
教育之史，为育人之始 041
优质教育，最好的一定不是最贵的 044
教人教心，拒造“模板式”人才 047
革新，稳固教育之根 051
老年教育：引领教育新格局 053
多元教育：先融合，再精专 055
教育强国：有广度才能全面兴盛 063

## 第四章
## 站在新的历史制高点上 067

军民相融，同一颗心筑同一个梦 068
锻造力：成为领域中的承托者 073
速度时代，争当行业领先者 078
复兴——有底气的“中国制造” 082
合力制胜：这不是单打独斗的时代 087

## 第五章 共享经济：大趋势下的互惠互利 091

信任为基，开放“经济所有权” 092
分享经济：从消费者成长为消费商 097
信息透明，人人都是分享者 102
创新需求：区块化技术下的新共享 108
有约束，才有更广博的领地 111

## 第六章 更新纪：四十年，不惑而心定 117

交通巨变，领航民生路 118
中关村——闯出一股中国精神 125
开眼看世界：边陲之地的国际路 130
一飞冲天的“新航路” 133
经济发展：从“解放”到“自由” 138

## 第七章
## 医患关系：找准问题的脉门 145

在生命面前只有及时止损，没有孰轻孰重 146

细节沟通，才能有效剔除意外 152

医患之道：最需疗愈的是人心 157

下猛药——从根本上注入医疗强心剂 162

## 第八章
## 二孩政策：促进人口长期均衡发展 171

政策变迁，老龄化困境 172

观念转变，不再当成一种福利 178

直面问题，攻坚克难 186

## 第九章 精准扶贫：把焦点放对

第九章 精准扶贫：把焦点放对 195
摆脱惰性思维，精准“摘帽” 196
重方法——授以渔，不授以鱼 202
因地制宜，深挖“差异性”资源 206
智慧扶贫，开辟“在线扶贫”新途径 213

# 第一章

# 气度，民族文化的自信格局

2017 年对于中国电影行业来说是极不平凡的一年。一部创造了华语电影最高票房新纪录的影片，在这一年横空出世，并迅速掀起全球的观影热潮，国人精神为之一振，仿佛看到国产电影打破僵局再创新高的希望曙光。这部电影就是由吴京执导并主演的热血动作片——《战狼 2》！

《战狼 2》的主体内容与风格仍延续第一部的“硬汉”风格，在融入更多高端军事武器的基础上，动作元素更加丰富，人物内心戏的表现也更加抓人，剧情内涵也上了一个新高度，让观众热血沸腾的同时，也体验到一种无与伦比的酣畅之感。

当然，如果《战狼 2》仅仅是达到了这种热血沸腾的效果，那么，它只能被观众打上“好莱坞”热血动作片的标签。在其火爆上映制造一批话题之后，很快就会被人们束之高阁，甚至彻底遗忘。这样的影视作品不在少数，就如街头商店里循环播放的洗脑歌，虽是流行，但生命力却短暂得让人唏嘘。

事实上，《战狼 2》在观众心中是一部“好莱坞”佳片，因为它除了带来了沸腾的热血，还带来一种叫作感动的东西，并在不同层次的观众心中滋生出各式的思考，那种回味久到难以散去。就如《肖申克的救赎》一般，多年以来几乎占据着各大视频网站高分好评榜前十的位置，为什么？因为经典，无可取代！毫无疑问，《战狼 2》在观众眼中就是这样一部成功的经典动作佳片。

## 以良心处事，赢得正面回馈

纵观近十年以来的中国电影产业，早已是“群雄逐鹿，百家争鸣”了。然而中国电影之所以多数都以口碑欠佳收官，甚至出现“中国观众人傻钱多”这样的偏激言论，为什么？原因很多，但有一点是可以肯定的，包括业内大咖也无法否认，那就是因为中国电影的商业炒作多过良心制作。

过往商业片的惯用伎俩是花天价请当红“流量小生”来担任主演，再在上映前不遗余力地进行宣传报道，在各大媒体平台高调亮相，为影片的上映造势。而《战狼 2》电影制作方在影片的宣传上并没有花大价钱，没有像传统商业片一样，把宣传作为获得高票房的一种不可或缺的方式。

商业片往往能招来更多票房，这是大势所趋，所以中国电影制作人往往更关注商业元素，而忽略影片质量。但吴京拍摄的

《战狼 2》却带给观众们十足的视觉冲击，也呈现了国产片难得一见的重工业质感。《战狼 2》的国际化、商业化、重工业化水准，堪称是近年来华语电影中的佼佼者，足以匹敌好莱坞大片。

那么，《战狼 2》在筹备、拍摄、后期、宣传等环节都缺少了正常商业片应该具备的元素和必须做足的流程，它是靠什么取得成功的呢？

第一，以武打动作设计吸引观众的眼球。

在武打动作的设计上，影片带给了观众近乎完美的观影体验，惊心动魄的动作戏，完全吸引了观众的注意力。

一直以来，香港动作电影的武打动作设计都给观众优美俊朗、潇洒飘逸的观影感受，是世界电影业公认的效果最佳的武打设计，连好莱坞动作设计师都要抢着去学习，甚至直接请香港武师担纲动作指导拍摄好莱坞大片。应该说此前的四十年，最优秀的电影武术动作设计师齐聚香港，相信“70 后”“80 后”对经典港产武打片的记忆应该永不会磨灭吧。

然而时代在发展，科技在更新，电影也开始运用新特技、新特效，观众对多年来没有什么变化的武术动作设计也开始看腻了、看厌了，以速度激情见长的好莱坞动作片开始走进观众眼球。《战狼 2》的武打设计融合了中西方两种动作设计模式，在武打设计上既有香港动作电影的优美俊朗、潇洒飘逸，又有好莱坞电影的速度激情，呈现出近乎完美的影片动作效果，仅凭这一点，就足以让观众看个爽快过瘾了。

第二，以演技、敬业、服务和奉献为影片主基调。

《战狼 2》没请那些空有颜值而演技不够的“小鲜肉”“小花”来担任主演，而是以演技过关、肯吃苦耐劳和敬业精神作为选角的标准。影片中的每一位演员都很好地完成了自己所饰演的角色任务，谁也没拖戏、出戏、跳戏，当然也没有人抢戏。

正应了那句话，一切为影片内容服务，一切为观众服务，电影不是某人展现个人英雄主义的舞台，而是凝结整个团队力量的作品。《战狼 2》的影片取景在非洲，拍摄条件极差，甚至全体演员在拍摄过程中，都充当过幕后的工作人员。

第三，以爱国题材激发观众民族情怀。

在内容上，《战狼 2》有一个中心主题——爱国。在这个主题的熏染下，影片的气氛始终是热血昂扬的。

“爱国”，这是个观众永远绕不过去的话题。关于《战狼 2》引发的轰动效应，央视在报道中的标题是“热血忠诚续写英雄篇章”，注意这里面的两个关键词——“热血”和“忠诚”，“热血”自然是指影片所展示的激情搏斗场面，而“忠诚”就是指影片中所表现出的爱国精神和民族自豪感。

第四，以英雄大梦抓住人们观影痛点。

这些年来，充斥我们眼球的，大多是那些特效震撼、场面宏大的西方大片，像《速度与激情》系列、《哈利·波特》系列、《生化危机》系列等。而在西方的电影史上，也从来不缺超级英雄，不论是蝙蝠侠、钢铁侠、蜘蛛侠这样充满奇异幻想的济世救人型的民间英雄，还是超人、X 战警、美国队长这样基于科幻色彩的国家英雄，都让观众铭记于心。遗憾的是，像这样通过电影塑造起来的超级英雄形象，在中国几乎没有。

《战狼 2》与《战狼 1》共同将主角冷锋的人物形象具体化、丰满化，在一定程度上，弥补了中国电影史上超级英雄形象的缺失局面。对于中国电影的发展，也起着一个承上启下的推动作用。

一部电影的好坏，绝不是仅仅用作为商业片或动作片的成功与否来判断的，《战狼 2》的成功，带给中国电影行业，乃至当今倍受重视的文化产业的启示，也远不是一两句话就能说清楚的。

这样一部现象级影片的出现，值得我们深入发掘，细细思量。

## 专业、敬业，是永恒不变的生存之根

惊险动作和扣人心弦的情节贯穿《战狼 2》整部影片，数不胜数的爆炸场面和枪林弹雨环节让人胆战心惊。为了营造出枪战的真实感，吴京坚持使用真枪，这种专业态度和敬业精神让人肃然起敬。

电影一开场就是三分钟激烈的水下打斗，这一场景在同类电影中非常少见。从水上到水下，冷锋与好几个海盗持续搏斗。单这一个镜头，就拍摄了将近半个月时间，吴京总共跳水 26 次。在第一次尝试“水下一镜到底”的拍摄时，他在水中泡了

13个小时。观众的眼睛是雪亮的，最终《战狼2》以炸裂的口碑和爆棚的票房回应了吴京的良心制作。

事实上，在影片拍摄前，吴京专门进行了很长时间的特种兵训练，为的就是把自己变成一个真正的特种兵。而在非洲那样艰险的环境中拍摄，所要面对的威胁更是数不胜数，吴京还差点因此丧命。影片中有许多危险动作，稍有不慎就会危及生命安全，但他坚持不用替身，一切都是真枪实弹地拍摄。正是这样的良心制片人，才能成就《战狼2》的高质量和高水平。

在电影上映之后，有赞誉自然就有批评，但平心而论，有些批评，显然是基于市场竞争之下的故意抹黑。面对这样的故意抹黑，还有盗版和偷票房，导演吴京发言说："拿命换来的电影，一腔血一片心，你们怎么忍心？"吴京说这部电影是拿命换来的，这的确不假。

俗话说"三百六十行，行行出状元。"在演员这一行，也同样有人做得好，有人做得差。一部电影的好坏，除了吸人眼球的特效、有深度的剧情和合乎逻辑的情节这些因素外，还有一大关键性因素，就是演员口碑的好坏。

社会对于演员的评价，不仅仅是通过各种奖项来衡量的，更重要的还是口碑。像"小李子"莱昂纳多从出道开始，就以超高的颜值深受观众的喜爱，演技也备受认可，敬业精神更不消多说。但就是这样一位在观众的眼中有着十足的希望冲击奥斯卡最佳男主角奖项的演员，却屡屡与那个代表着演员最高荣誉的小金人失之交臂，屡战屡败，却又屡败屡战。

但这并不影响他在大家心目中的地位，事实上，他早已是大家心目中的无冕之王。而天道酬勤的道理，也在他的身上应验——“小李子”在2016年通过《荒野猎人》这部影片，夺得奥斯卡小金人。舆论对此的态度难得的一致，都认为这是毫无疑问的实至名归。可见演员的价值，不仅在于拿的奖项有多少，更重要的还是广大观众的评价。

作为一名演员，必须要有信仰，要热爱自己所从事的行业，并有为之牺牲奉献的敬业精神，才能拍出好的作品，才能演活自己的角色。《战狼2》的成功，同样与演员的忠于信仰有莫大的关系。

吴京在拍摄《战狼1》的时候，就曾因为拒绝投资方删除影片中爱国言论的要求而被撤资，但吴京是一个很有骨气和原则的电影人，他并没有选择妥协，而是通过自己的努力，克服种种阻碍，完成拍摄。

《战狼2》的其他主要演员，也都是专业性和敬业性经得住观众考验的演员，像出演《人民的名义》中李达康这一角色而爆红网络的吴刚老师等。演员的忠于信仰，是激励自己磨炼演技的根本所在，同时也是电影角色的灵魂。只有一个始终牢记自己使命的演员，才能为电影的角色注入生命的气息，让观众在影片中看到打动心灵的元素；才能引起共鸣，真正让一部电影被大众所接受，深入人心。

《战狼2》的成功，少不了影片制作中忠于信仰的演员们的努力，也给当今重视噱头和花哨包装而轻视演技和认真精神的演艺圈一记棒喝！

演艺圈向来不缺优秀的演员，而优秀的演员，都有的共同特征，就是对于演员这一职业的信仰。因为有信仰，才能为了演好一个角色而付出各种努力，做出各种牺牲，通过无数次练习来把握其中的精髓。

但是，这个时代太过浮夸，一切商业活动似乎离了噱头就寸步难行，而赚钱仿佛也成了各行各业发展的第一聚焦点。在这样的大环境下，电影产业自然也多了许多拜金主义的色彩，而少了作为文化传播媒介的纯粹。

因此，大多演员也把酬劳的多少作为衡量自己是否参演的标准，而在剧组演戏的过程中，也是能偷懒就偷懒，把演戏当作任务，只求完成任务，自然没有精益求精的态度。这样的演员诠释出来的角色，又怎么会有可以打动人心的力量呢？

在这个众人皆醉的时代，需要有敢于拆下肋骨当火把的领头人，带领人们走出困境，创造新的未来。对于中国影视产业来说，最根本的推动力是演员和导演的敬业和专业，所以演员要有信仰，要有为了演好自己的角色而奋斗终身的毅力，才能真正做好本职工作，拍出被大众认可的好电影，这也是中国电影行业摆脱现状、再创新高的根本出路所在。

用心做电影的人还有很多，他们也同样没有被中国观众遗忘。开心麻花就是一个例子。这是一个草根出生，完全凭借着对电影的热爱和信仰一路走来终获成功的演艺团队。

开心麻花成立之初，就是一个小团队，但是他们有着自己的信仰，热爱自己的事业，有为演艺事业拼搏努力的决心和毅力，在艰难的环境中，坚持了下来。不管是怎样的角色，他们都能尽一切努力做到最好，从来没有因为报酬的多少而敷衍了事。正是这样的热爱和敬业，才让他们能把握住机会，一举成名。

从《夏洛特烦恼》的校园喜剧，到《驴得水》笑中带泪的黑色幽默，再到 2017 年口碑票房双丰收的《羞羞的铁拳》，开心麻花一直坚守着电影制作人的原则，全心全意做好自己该做的，为观众呈现了许多优秀作品。

而观众对这个团队的盛誉和赞美，对他们出品的电影的认可和超高评价，都证明了观众是有鉴赏优秀作品的能力的，是有区分好坏电影的眼光的，是愿意支持用心做电影的电影人的。

## 有创新，才有打动人心的力量

从 2016 年春节过后，国产电影的口碑一直不好，整个电影行业也比较低迷。大家都在等待着一部好电影登场，引发一场观影狂潮。观众对于那些充满阴柔之气的“小鲜肉”逐渐产生审美疲劳，中国电影市场急需一股阳刚之气引领新风潮。

在拍摄《战狼 2》的过程中，吴京也曾提出过想要加入一些当红“小鲜肉”，奈何对方出价太高，所以就放弃了。然而，这部没有采用“流量明星 + 大 IP”通行法则的电影，却出乎意料地为大众带来了不同以往的好故事，还为中国电影市场开辟了一条新的道路。

应该说，不只是电影行业，任何行业都需要变革的契机和与时俱进的创新，不管这种契机与创新是源于本身主观的能动性，还是被动的无可奈何。

首先，能引领电影行业发展趋势的就是电影制作技术。

2015 年，德国导演施普尔的电影《维多利亚》以将近 140 分钟的“一镜到底”超越了《俄罗斯方舟》当年创造的 99 分钟纪录，成为电影史上新的神话。这两部电影都是全片无剪辑的“一镜到底”，即整个电影只有一个镜头，且由摄影师前期拍摄的一个长镜头构成，拒绝剪辑。

胶片时代的电影摄影机比较沉重，而数字时代则轻便了很多，拍摄更长的长镜头就容易得多。所以，前期若使用胶片拍摄，把几个长镜头组接在一起以求“一镜到底”，可以接受，但不能依靠明显的特效，更不能违背视觉透视规律。若前期使用数字摄影机，应坚持无剪辑的“一镜到底”。

从部分镜头到整部影片，“一镜到底”始终代表着一种对长镜头的虔诚，一种专注而忘我的导演理念，一种大胆几近疯狂的创新精神。电影本来就是追求技术水平的艺术，只有勇于攀登技术高峰、挑战技术极限以此推动影视技术革新的导演才能拍摄出一流的影片。

除了技术上的创新，能促进电影多元化发展的另一个要素就该是内容方面的创新了。部分国产电影备受诟病的原因之一，就是模仿痕迹过于明显。《画皮》虽然做出了魔幻史诗片的气势，但被指模仿国外电影《指环王》，《星语心愿》被指模仿《人鬼情未了》。客观说来，很多学习是从模仿开始的，起步较晚的中国电影向好莱坞等影视强手学习，这本无可厚非。但学习是为了提升，最后实现超越。国产电影如果长期局限于模仿，那么只是把别人的成果进行“二次呈现”，自然是有形无神，观众不仅会审美疲劳，也会对国产电影失去信心。

周星驰导演的电影《美人鱼》上映后掀起了一股强劲的观影热潮，仅 7 天票房已超过 18 亿元。《美人鱼》虽然选用了较为老套的人鱼相恋的爱情童话故事，但无法忽略周星驰在这部电影中做出的创新。一直以无厘头喜剧见长的周星驰，这次把目光聚焦到环保题材上，这自然与当前环境问题越来越引起社会广泛关注有着直接的关系。

事实证明，与环境问题相关的文艺作品，包括小说、影视等，都能够以出人意料的速度在社会上广泛传播，同时获得社会较高的关注度，势必为电影带来理想的票房。虽然有些人会说，周星驰的《美人鱼》走的是情怀路线，票房之所以如此高，是因为大家都在为自己的情怀买单，都是为了纪念自己的青春，而不是冲着电影本身去的。

不可否认，《美人鱼》的高票房，的确和大家的情怀有关，但这丝毫不影响其在电影题材、内容情节和文化内涵方面的创新这一事实。周星驰的电影向来是以喜剧感见长，但在这部电影里，达到了笑中带泪的效果，这本就是一种对自己的突破和尝试。而把视角放到关乎全人类的环保问题上，这在中国电影史上是鲜有的，中国电影业的发展需要这种尝试和创新。

在影视创新这一方面，中国比不上国外。国外的电影产业发展多元化，不论是导演还是演员，都有创新意识并敢于付诸实践。从《生化危机》系列到《2012》，从《泰坦尼克号》到《阿凡达》，国外电影在题材上似乎毫无限制，天马行空，什么都敢拍又什么都能拍好。

反观国内电影似乎就是为了取悦观众而存在的，大多数电影题材都是被拍烂了的惊悚、爱情、喜剧，不是没有具备创新精神的制片人和演员，而是在这个拜金主义甚嚣尘上的环境下，鲜有人敢去尝试创新。而墨守成规，照着老路走下去，随随便便就能拍出一部有金钱收益的电影，相较于那些可能会经过岁月洗礼方能被人们接受的创新，国内的影视人更愿意选择这种立竿见影的金钱收益，所以中国电影多是旧题，少有创新。

但这不代表，中国影视没有创新的能力。在这里，我们还是老生常谈地拿王家卫的《一代宗师》来说，中国拍关于叶问的电影那么多，但迄今为止没有任何一部能够达到《一代宗师》的高度。

导演王家卫在这部电影里做了很多的创新，不论是台词的精益求精，还是故事情节、时代背景的高度还原，抑或是拍摄手法的特殊，都和过往同题材电影不同；还有张艺谋的《十面埋伏》，同样在拍摄手法、背景音乐上有很多创新。这样的例子还有很多。这说明中国电影不是缺乏创新能力，而是缺乏创新的勇气。

创新自然有风险，并非所有导演都有勇气尝试，说得再难听点，并非所有导演都有这份才华。当然，还有一个重要原因就是现在的国内电影市场过于看重票房和商业利益，在这样的氛围下，真正的好电影屈指可数，反而一批又一批烂片层出不穷。

所以说，创新在任何时期都是引领发展的第一动力，而阻碍中国电影业发展的症结又体现在哪里？

第一，从观众角度来看，多数只以成败论英雄，一味地抨击批评，一味地与欧美成熟电影产业相比较，导致电影人压力过大，不敢尝试创新。所以，观众要做的就是给电影人营造一个新的影评氛围，鼓励创新，接纳与众不同，让更多的电影人敢于把奇思妙想加入到电影元素中去。

第二，从电影人角度来看，多数只注重营销噱头，一味追求票房收入，一味地模仿形式，抄袭创意，导致观众腻烦，腻烦久了自然变成逆反，观众唱反调，自不会有好评，久之形成恶性循环。所以，电影人要做的就是敢于创新，大开脑洞，将影视主题凝练出人文关怀的高度，抓住人们的观影痛点，激发出人类共有的意识，不要为了讨好观众而拍些无关痛痒甚至无病呻吟的影片来圈钱。

再说说人文关怀，如果谈起在世界电影史上具有高度人文关怀的导演，谁也无法绕开宫崎骏这个名字！

宫崎骏的动画片为何部部都能跨越国界，跨越种族，跨越语言和文化背景，成为全球观众心中的不灭经典？因为“老宫”

可以将电影主题提炼到一个共知的高度，那就是他在影片中一直强调的人文关怀。这样的主题提炼，可以媲美罗密欧朱丽叶式的史诗悲歌，比肩泰坦尼克号式的旷世绝爱，宫崎骏影片以简单的道理展现的人文关怀，在观众心目中才是难以取代的绝对高度。

## 文化自信，民族才会更自信

“犯我中华者，虽远必诛。”这句口号似乎成了《战狼 2》的代名词，其中的爱国精神，一直以来都是中华民族文化的核心，是代代相传、永远延续的。

电影在展示爱国情怀的同时，也说明了这样一个道理：我们不是生活在一个和平的时代，我们只是生活在一个和平的国家。而我国的和平发展，正是因为有中国人民解放军的时刻警惕，刻苦训练，驻守边关，保家卫国。

当今世界正处于大发展大变革的时期，和平与发展仍是时代主题，在这样的国际形势下，一个国家，一个民族，只有文化自信起来、强大起来，才能有面对世界发展、紧随潮流的不竭动力和精神支柱。所以对当代中国来说，发扬民族文化，增强文化自信，建设社会主义文化强国是十分重要的。

中华民族是一个有着悠久历史和优秀文化传统的民族，在新时代，我们既不能墨守成规，又不能全盘否定，要学会创造性地发展民族文化。像中国的“一带一路”倡议的提出和建设，就是基于我国古代丝绸之路的优秀文化，古为今用，与时代相结合所创造出的新型国际合作方式，既能增强我国同包括欧亚大陆在内的世界各国的友好关系，又能弘扬中华文化，让世界了解中国文化，体验到我们民族文化的魅力，进而增强国人的文化自信。

电影是一门艺术，是社会意识形态中的上层建筑，对于文化的传播和发展起着十分重要的作用。每个国家、每个地区的文化都有自己的特色，而基于这种不同文化特色的电影自然也与众不同。

对于中国电影来说，成功弘扬了民族文化的作品不在少数，《战狼 2》的爱国热血和民族自信，《十面埋伏》的古典韵味和武侠文化，《一代宗师》的武侠精神和人文情怀，《红高粱》的地域特色和抗战精神，《芳华》的部队文化和对战争的控诉……这样优秀的影片还有很多。

一个民族的文化，是全体人民在薪火相传、前仆后继创造美好未来的奋斗过程中，沉淀下来的共有意识。历史悠久的民族，必然有着厚重而深远的文化传统，中华民族上下五千年的历史，有过辉煌也有过低谷，有过高昂也有过沉寂。这样的浮沉和曲折，逐渐孕育出博大精深、有容乃大的中国文化。

弘扬民族文化，就需要传播媒介，而在信息技术如此发达的今天，广播电视媒介俨然已经成了引领文化发展的第一途径。前段时间的《中国诗词大会》爆火网络，在社会上引起了巨大反响，这说明中华优秀传统文化是大众喜爱并且乐于接受的，只是我们过往的传播途径不对，没能找到让大家自觉自愿去参与的发扬方式和传播途径。

如今有了网络这个媒介，我们的民族文化理应有更加生动有趣的传播方式，只有全民共同努力，发自内心地愿意去学习民族文化、弘扬民族文化，我们的文化自信才能建立起来，国家的文化实力才能得到增强，我们的民族才能巍然屹立于世界民族之林。

《战狼 2》弘扬的是爱国主义和迎难而上的奋斗精神，但我们的民族文化远不止于此。在文化思想上，我们有儒家、道家以及佛家等思想；在文化艺术表现形式上，我们有诗词歌赋、琴棋书画以及小说曲艺等形式；在生活上涉及的文化艺术就更多，我们有茶艺、陶瓷、文玩等。总之，中国的民族文化琳琅满目，数不胜数，值得我们骄傲和自豪。但是，如果我们空有丰富的优秀文化，却不去主动发扬和学习它，那就像是空守着满屋的书籍古典，却不去阅读一样。

《战狼 2》在观众心中引起的关于爱国和民族自豪感的共鸣，已经证明了电影行业对于民族文化传播的重要性，而发扬民族文化，不仅需要有关机构的大政方针支持，更需要广大人民的共同参与和衷心拥护。

文化是一个民族的根，是一个国家发展前进的“定海神针”，纵观世界历史的变迁和时代更替，可以发现，政权可以被推翻，国家也许会覆灭，而优秀且有生命的文化却会一直被传承和发扬，这是历史发展的基本趋势，所以“文化自信是更基础、更广泛、更深厚的自信”。

在文化实力越来越重要的今天，发扬民族文化势在必行，但需要注意方式。传统媒介已经难以跟上现代信息传播的步伐，唯有以更加贴合时代背景和现实生活的方式，来传播民族文化、发展民族文化，我们的文化实力才能逐步提高，文化自信才能在人们心中生根发芽。

## 文化的多元载体，能让民族精神永存

前些年，在中国电影市场，最卖座的都是些特效震撼的欧美大片，所以有人认为，中国观众的影片鉴赏能力低下，中国观众的钱很容易赚。更重要的是，这也影响了国内影片的制作发展趋势。但近年来，这种现象已经有了明显改观。

一方面，国产电影渐渐涌现出越来越多的好作品，能够满足国人的观影需求，给国人更好的观影体验；另一方面，国外电影近些年受到国内电影行业的冲击，其排片率已大不如前，而中国观众也慢慢开始更愿意把钱花在支持国产电影上。

在这样的趋势下，《战狼 2》的出现，无疑给正犹豫不决的中国电影市场指明了一条正确的道路。《战狼 2》创造了多项华语电影纪录，但我相信，这些纪录不久就会被新的作品所打破，而这也正是这部电影对中国电影行业做出的最大贡献——承上启下。

其实观众也好，电影制作方也好，都希望能有一个好的发展环境，让制片方能拍出更多的好电影，让观众能有更加舒适的观影体验。这个目标的实现，需要各方共同努力，打破现有的电影拍摄模式，改变人们对影视市场固有的印象，破而后立，创造出新的电影发展氛围，为国产电影注入新的活力。

《战狼 2》的突破和创新，让我们看到了电影行业的发展和改变，但文化发展应该力争多方面齐头并进，不可偏废，尽早建立起更加完善的文化发展格局。

文化的多元发展，既包括文化内容上的多元化，也包括文化发展途径上的多元化。当然，这二者中，最重要的还是前者。

其实我们的民族文化，从本质上来讲本就是一个不可分割的整体。比如，唐诗宋词、四书五经等国学文化和对联、书法、汉字等传统文化就是相互依存的，和皮影、风筝、剪纸、中国结等民间文化也都是一脉相承的。所以，文化的多元发展，是传承中华优秀民族文化的重要途径，是有效建立文化自信的基本要求。

文化单一发展的弊端由中国近现代历史就可以看出。在过去，人们只重视文史、思想教育，诗书礼乐是读书人的必修课，而科学技术和政治经济被认为是“奇技淫巧”“末流”，向来不受重视。这样的发展导致的结果就是，在近代社会，中国因为科学技术和思想的落后，沦为半殖民地半封建的国家，饱受欺辱，屡遭侵犯。所以，文化的多元发展是本民族文化能紧随时代潮流、不被历史淘汰的有力保障。

到了现代，因为西学的涌入，科学技术成为社会发展的重点，传统思想文化反而式微，渐渐被人们所淡忘，甚至有些外国人都比中国人自己更了解中华传统文化。这不得不说是一种悲哀。同时这也让我们不禁开始思考，究竟文化的多元发展，需要一些什么样的努力。

文化发展的平衡多样，需要用多元化的发展方式来支撑。比如，《中华好诗词》等综艺节目，就是一个很好的尝试。而《战狼 2》的社会效应，也让我们看到了电影承载文化传播重任的希望。除此之外，还有各种文化产业的发展，都能作为文化多元发展的方式，传播优秀传统文化。

另外，值得注意的是，在世界一体化的今天，我们对于传统文化和外来文化应该一视同仁，采取“取其精华，去其糟粕”的方式对待，不可将外来文化拒之门外。

在党的十九大之后，国家对于文化产业的发展壮大，采取许多有利措施。但国家的大政方针只是一个指引方向的作用，真正能促进文化多元发展的，还是深入到普通民众日常生活中的那些传播媒介。电影行业和综艺节目的成功，为这一发展提供了一条道路，用成功的经验来带动其他文化产业的发展，将是我国文化发展多元化的出路所在。

《战狼 2》虽然只是一部电影，但它的成功所反映出的中国当代发展问题却并不止于电影行业，它对于创新之路的探索，更是值得各行各业学习借鉴。

民族文化的多元发展是时代的需求，也是大众的心声。《战狼 2》的火爆，就是文化自信增强的反映。

文化发展的方式是多种多样的，不能把注意力仅仅放在一个点上，而要开阔眼界，寻找多种途径来实现文化的多元发展。

文化发展需要创新和尝试，只有不怕失败，才有可能成功。同时，在创新和尝试中，要秉承忠于信仰的原则，不忘初心，在弘扬优秀传统文化的基础上，不断吸收新的文化。

长久以来，市场上有部分观众一直有这样的观点：中国观众似乎偏爱俗气的电影，对于有噱头、宣传到位的电影，更容易买单。这导致了市场上真正用心制作的电影和靠包装取胜而质量中下的电影区别并不大，甚至有时候前者的票房还比不上后者。这无疑会让真正用心的电影人寒心，也会助长影视圈投机取巧、哗众取宠的不正之风。

然而事实真是这样吗？观众真的分不清好电影和坏电影吗？答案是否定的。观众或许会为了质量差劲但包装够好的电影贡献票房，但也一定不会辜负真正用心做电影、带给人们感动和惊喜的电影人！

在同期上映的电影里，也不乏宣传包装好过《战狼 2》的影片，最后的票房都没法与《战狼 2》相比，这说明了观众的眼睛还是雪亮的。真正的好电影大多不会被埋没，也会得到跟付出成正比的回报，正所谓“一分耕耘，一分收获”。

《战狼 2》的上映期早已结束，但中国电影行业的发展远没有结束，文化自强的奋斗之路也更未结束。我们有信心，在不久的将来，中国电影行业会涌现出更多更加优秀的作品，文化自强的目标也会越来越近，而这也正是《战狼 2》这部电影最终的使命所在。

# 第二章

# 法律为基，道德为端

2017 年网络上的大事件可谓是层出不穷，不胜枚举。其中，“江歌案”无疑是最受公众关注的事件之一了，不仅在网络上有着上亿的超高阅读量，更有 450 多万人签名请求判处凶手死刑。

中国一年的谋杀案大约 1 万起，日本一年的谋杀案可能也有几百起，而这一事件的行凶者和受害者也并非公众人物，为何这一事件受到人们如此高的关注呢?

主要有以下几个原因：一是现在我们国家对留学生的安全越发的关注，而这正是一起当事人全是中国人，却在国外发生的事件；二是这一案件曲折离奇，众说纷纭，各个证人说辞不一，案件的真相一时难以大白；最后最重要的一个原因则是这一事件已经不仅仅是一起简单的杀人案件，而是一起直击心灵深处，引发人们对道德、对人性进行反思的事件，是一起道德问题和法律问题交织在一起的事件，而道德与法律的碰撞往往更能引起人们的关注。

## 道德是最高标准的法律，法律是最低限度的道德

让我们来梳理一下事件的始末。首先事件被大家关注到的原因是受害者江歌的母亲江秋莲在微博上说怀疑杀害自己女儿的凶手是江歌同住室友刘某的前男友。接着，刘某出现在微博，与江歌的母亲展开了一场隔着网络的“骂战”。

本来以为只是一场留学生在外遇害的事件，哪知证人的态度恶劣，一直在撇清关系，说辞漏洞百出，或许是对事情的猎奇心理，或许是对真相的求知心理，许多网友开始声讨刘某，总之，一场旷日持久的“舆论大战”拉开了帷幕。

此间，刘某一直对江母避而不见，而在江母曝光了她的个人信息和家庭住址后，她终于在微信上联系了江母，声称“再出现这种事情我就停止协助警察”。她这句话再一次激起众怒。

几个月过去，人们或许已经在慢慢淡忘，而《局面》的一个关于双方当事人的采访再次将这一事件拉回到公众视野。《局面》运用对话当事人的方式在网上呈现了25段视频，分别采访了刘某以及江母。

通过这些视频，网友看到刘某对待这一事件的态度，也看到失去独生女儿的单身母亲的辛酸和痛楚。最让人感到愤愤不平的恐怕除了刘某说的“再给你一天时间不撤回信息，我就死也不做证”的威胁言论，还有几个家庭对于这一事件的态度。

从事件始末看来，就算不能完全说江歌是替刘某去死的，但江歌的死怎么也和刘某脱不了干系。在常人看来，作为幸存者的刘某家里应该是内疚的、心存感激的，刘某也应该把江歌的妈妈当作自己的亲人一样。

然而事实却是出乎意料，从刘某和江歌母亲在微博上的唇枪舌剑，到刘某母亲吼着说“是你自己的女儿命短，她的死与我女儿无关”，人们才恍然大悟过来，有什么样的父母就有什么样的女儿。而另一边行凶者的家里也是从事发到后来都没有来见过受害者母亲一面。

从《局面》采访上看到的刘某是闪烁其词、谎话连篇的。当被问及在危险时刻到底有没有锁门的时候，刘某的说辞是从未锁门，至于门为什么打不开，她也不知道，而在日本警方提供的报警录音里却有疑似她的声音说门锁了。人在关键时刻可能出于本能选择保护自己，这一点无可厚非，但在事后还是一味地只顾自己的利益就只能是自私的体现了。当刘某对江母说“我会经常来看你的”而被江妈问到“你多久会来看我一次”的时候，刘某却只是沉默，转身又在微博上长篇大论地“黑”江母，这让网友大呼其“不配为人”。众多网友开始“人肉”刘某，并表示第一次希望一个人能受到网络暴力的惩罚，一时在网上引起轩然大波。

2017 年 12 月 11 日，这个案子时隔一年多终于在日本开庭审理，而凶手陈某拒不承认自己是故意杀人，只承认罪责较轻的恐吓罪。可能很多人不清楚，日本的法律与我国的有很大区别。

日本属大陆法系，并在二战后进行了司法改革，对保障人权最重要的宪法性质法律和刑事诉讼法依照美国模式进行大规模修改。所以，在日本是很看重保障人权的。

另外，日本的死刑案例很少，法庭一般会根据犯罪的性质、动机、残虐性、被害者家属的情感来判刑，通常只有对犯多重命案的罪犯才会执行死刑，判决后还有漫长的上诉程序。在江歌案中，存在的争议较多，证据也不足，陈某到底是不是蓄意谋杀？凶器是不是事先准备？这些重要的因素都有可能影响最后的判决。

此案最关键的证人就是刘某，最初对于刘某是否会如约出庭，人们都不敢确保，更何况开庭之后刘某的证词前后不一，许多重要的地方记忆模糊，对整个案件的审判并没有起到实质性的帮助，最终本案以陈某被判处 20 年有期徒刑而尘埃落定。

一条活生生的人命用这 20 年就可以抵偿了吗？那如此壮观的 450 万人签名对结局都没有改变吗？很遗憾，是的，没有改变。但我们也不能忘记最重要的一点就是：法律就是法律。尽管江歌案受到如此广泛的关注，尽管杀人凶手的作案手法极其残忍，尽管有那 450 万签名，最终的判决依据的还是法律。任何一件法律事件都要从客观出发，要相信法律的天平不会倾向于任何一边。

案件告一段落，但江母和刘某之间的纠葛并不会就此结束。即便我们都认为刘某有罪，道德上的罪，但法律上她依然可以

"逍遥法外"。于是，网络上对其讨伐声更重。

这一事件与别的事件有所不同，为何在这一事件中，受到更多关注和讨伐的人不是行凶者反而是证人其一呢？可能最主要的原因还是以下几点：

一、于情，江歌确实是因刘某而引来的杀身之祸，如果不是江歌，那么受害的很有可能就是刘某，而刘某一家在事发之后对待整个事情以及江母的态度都让人大跌眼镜。从对江母的避而不见到口吐恶言，都让人很难相信这是对为自己而死的闺蜜的母亲所说的话。

二、于理，刘某作为整个事件的当事人以及重要证人，她有义务还原事发现场的状况，有责任还江歌一个公道。但从始至终，她都给人消极配合的感觉，大部分责任推给日本警察，只谈对自己有利的部分。人们对这样一个关键证人失望透顶。

三、最关键的原因还在于这一案件的舆论效果之强大，引起广泛的关注，人们认为刘某一家的做法突破了道德底线，由此产生了对人性的思虑、道德的考量。

面对整个事件，我所认为的是，暴力总是不值得也不能被提倡的。道德只应该是鞭挞自己的荆条，而不应该是拍向别人的板砖。

道德和法律并不一定时时刻刻都要保持一致，很多时候也会存在冲突。关于道德和法律的关系，古代就有界定："道（导）之以政，齐之以刑，民免而无耻。道之以德，齐之以礼，有耻且格。"这句话看来，道德管人心，法律管人行。道德催人向上，法律防人向下，这也就是人们常说的道德是高标准的法律，法律是最低限度的道德。

## 保持清醒，有辨真伪的能力

法律和道德就犹如车之两轮、鸟之两翼，相辅相成、不可分离。法律规范人们的行为很大程度上不仅仅是靠国家强制力，也是因为有道德的支撑，才能更好地实施。

然而，现实社会中，并不会像理想国一样简单，道德和法律的存在并没有时刻保持和谐，若要坚持道德至上，很有可能就会避过法律的追责。中国是一个礼仪之邦，很多时候都会尊崇道德，德国哲学家黑格尔曾经有过言论："在中国人心中，他们的道德法律简直是自然法律——外界的、积极的命令——强迫规定的要求——相互间礼貌上的强迫的义务或者规则。"这也说明中国是极重视道德的。

重视道德不代表能弱化法律，若是道德对法律干预过多也会极具危害性，生活中遇到道德和法律相冲突的事件时，最重要的是要保持自己清醒的思路，切莫跟风。

就如2017年沸沸扬扬的"辱母杀人案"，也是一起掀起了人们对道德和法律关系激烈讨论的案件。2017年2月17日，山东省聊城市中级人民法院一审以故意伤害罪判处"辱母杀人案"被告人于欢无期徒刑。判决结果一出，更受到广泛的舆论关注。

杀人者于欢，其母亲苏银霞因为经营工厂资金周转困难向某房地产老板借款，前后累计近 135 万元，约定月息 10%，此后陆续归还现金 184 万元，但还有 17 万元余款无力偿清，因此遭到暴力催债。

苏银霞经营的工厂多次受到十几个人组成的催债队的骚扰，慢慢地他们变本加厉辱骂、殴打苏银霞。案发当日，催债人将苏银霞、于欢及一名苏的公司职工围堵在公司接待室，用不堪的话语辱骂苏银霞，其中一人将烟灰弹到苏银霞的胸口，催债人杜某等采用极端下流的手段侮辱苏银霞，这让在一旁无能为力的儿子于欢濒临崩溃。

这种时候一般人想到的都是警察的保护，于欢的姑妈报警，警察确实也来了，警察赶到接待室说了句“要账可以，但是不能动手打人”，随即准备走人，此时受到惊吓的于欢见警察要走，一时激动拿起了桌子上的水果刀一阵乱捅，催债队中四人受伤，其中，杜某情况严重最终失血性休克死亡。

山东省聊城市中级人民法院一审以故意伤害罪判处于欢无期徒刑，原因是没有防卫的紧迫性，所以不属于正当防卫。此判决一出，顿时在网上引起热议，于欢一方也提起上诉。让网友感到困惑的是，催债队属于暴力催债，于欢是在自己安全受到威胁时才出手伤人，这难道不属于正当防卫？

2017 年 6 月 23 日，本案二审宣判，山东省高级人民法院认定于欢属防卫过当，构成故意伤害罪，判处于欢有期徒刑 5 年。于欢的行为究竟是“正当防卫”还是“防卫过当”，众说纷纭。于欢的二审代理律师认为据《刑法》规定：“对正在进行行凶、杀人、抢劫、强奸、绑架以及其他严重危及人身安全的暴力犯罪，采取防卫行为，造成不法侵害人伤亡的，不属于防卫过当，不负刑事责任。”但是，法律对于防卫的起因、时间和限度都有着严格的规定。为何对于这一案件有如此多的声音呢？

一是案件事关执法权威的丧失，比如民警出警不力，到场却未能阻止案件发生，不得不令人反思警方执法能力的不足。

二是很多人认为，于欢的行为不但是一个法律行为，更是一个伦理行为。人们看到的是他在危急时刻，母子两人被一群彪形大汉限制了人身自由，受到侮辱奋起反抗已是不易，他又是为了保护自己的母亲才会应激伤人，于情于理，无期徒刑都量刑过重。

甚至网上还出现了一个讨论：“如果你的母亲受到了侮辱，你是坐视不管，还是会像于欢一样奋起反抗？”许多人认为，于欢是因为自己的母亲受到非人的待遇才会伤人，不应该担负如此大的刑事责任。有的人还称赞于欢为英雄，甚至有的人开始讨论司法的公正性。

这正显示出在法律调节下的行为和在道德要求下的行为会存在冲突，这正是严格的法律要求和人之常情的恻隐之间的罅隙。这起案件的最终结果是于欢被判处 5 年有期徒刑，维持原判附带民事部分。对于“辱母杀人案”的改判，最高人民法院政治部副主任、新闻局副局长林文学认为，群众对司法案件的关注，既是对法院工作的监督，也是人们对民主、法制、公平、正义的期待。法院乐意听到民众的呼声，也愿意接受民众的监督，法院会适用法律，依法办案。

民众的诉求得到了呼应，民众的呼声有人倾听，但事件的背后却又有所反转。在案件改判之后，又出现了于欢并不是为保护母亲而杀人，而是在自己被伤害时才出手的言论。这就又弱化了于欢的英雄形象，有些人又一边倒地认为司法受到人情的干预，这种舆论影响判决的情况会严重破坏司法公正。

而在这里，我最想谈论的是，不论面对什么事情，我们都得有自己的想法，有自己清醒的思路，如今的网络世界，真真假假，有如雾里看花、水中望月，也许眼睛看到的并不一定就是真实的。

如今有一群没有自己思想的人，常常被一些营销号牵着鼻子走，不论什么事情都在网上“喷之而后快”，此类人被称为“键盘侠”。作为一个社会人，参与到事件中是好事，但切莫跟风，若要想“站队”，就必须得了解事情真相，排除“陷阱”和“地雷”，依据法律，倚靠道德。

## 公道有尺度，不做无道无德之人

道德与法律的冲突在生活中体现颇多，往往最贴近人们的现实生活，也最为人津津乐道。

江歌案中证人之一刘某的情况是最好的“道德有罪，法律无责”的体现，人们看到的是江母辛辛苦苦把唯一的女儿养大成人，送出国读书，最后却白发人送黑发人，另一面是刘某心无愧疚、理直气壮的态度。人们相信即便法律不能拿刘某怎样，但道德上的罪责她是不能幸免的。

类似于江歌案的案件不止一起，而像刘某一样的人也不止她一个，在关注江歌案的同时，网上还有另外一起与之类似的案件。2017 年 11 月，网友“失独农民”在网上向大家求助，要为自己的儿子讨个公道。事情经过是这样的，网友“失独农民”的儿子李俊杰是在校大四学生，因其女友与前男友的感情纠葛而被女友的前男友杀害，这对传统的中国家庭来说无疑是致命一击，也让失去独生子的李家陷入绝境。这与江歌案还有所不同，江歌案发生在日本这个基本不执行死刑的国家，而这个案件是发生在我国，杀人偿命，本是铁律，作为死者的父亲必定是想要为儿子讨一个公道。

李俊杰因其女友朱某而被她前男友残忍杀害，虽然她声称以后会像对待自己的父母一样对待李家父母，但她事后的做法却与其严重违背。有言论说朱某与前男友和好，不会在法庭上说出对他有害的信息，事实是否是这样也无法知道，但据李俊杰父亲说，朱某拒绝出庭，并且从微信中消失，电话再也难以打通，这让把希望寄予她身上，望判处凶手死刑还儿子公道的李父陷入恐慌。

此案件与江歌案有所雷同之处就是案件的唯一证人朱某和刘某一样，她的出庭证词对案发时的细节还原十分重要。尤其是凶手王某声称自己在事发后进行了救治，也第一时间自首，这对审判的结果有很大的影响。

因此，想要讨回公道的李父非常需要朱某说出自己看到的一切，还原事件本身。然而朱某并未出现在一审判决现场……

虽然法律规定是否愿意出庭做证是每个公民的权利，但就事件本身看来，与自己有关、因自己而死的人，一个人是不应该弃之不顾的。在意外面前，人是自私的，会第一时间保护自己的利益，就像刘某、朱某一样，但事后避而不见，拒不做证，却是失了做人的最起码的良心。公平和正义仍在，人们心中道德的标尺还在。逃避自己道德上应担负的责任，终将无法在社会上立足。

## 留存底线，永远葆有一颗善心

“一个农夫在寒冷的冬天里看见一条正在冬眠的蛇，误以为冻僵了，就把它拾起来，小心翼翼地揣进怀里，用暖热的身体温暖着它。那蛇受到了惊吓，被吵醒了，等它彻底苏醒过来，就因为自卫的本能，用尖利的毒牙狠狠地咬了农夫一口，使他受了致命的创伤，农夫临死的时候痛悔地说：‘我欲行善积德，但学识浅薄，结果害了自己，遭到这样的报应。’”

《农夫与蛇》是一个大家耳熟能详的经典寓言故事，这个故事中，农夫本是好心帮蛇，结果却被蛇反咬一口。先不说农夫自己所做是否妥当，蛇的行为就是知恩不报的做法。当遇到现实版农夫与蛇的时候，当好心换来的却是恶毒的时候，或许人们根本难以相信这种事情真的发生了，这与我们千百年来奉行的道德标准不同。而当这种事情真实发生时，除了愤怒，更多的还有心惊。

这起现实版农夫与蛇的事件发生在杭州，2017 年 6 月 22 日杭州某小区因人故意纵火发生重大火灾，最终造成一家四人身亡，男主人在外出差而躲过这场灾难。但这个“幸运”也许在他眼中并不是如此，正如他说“老婆孩子在天堂，我在地狱”，一家五口，只余他一人，往昔的幸福不再，一个家庭就这样支离破碎了……

林先生一家在杭州做服装生意，为人和善，妻子也是性格温和的人，与人结仇的可能性不大，到底是谁下如此大的杀手置他们一家于死地呢？最后万万没想到的是凶手正是他们家的保姆。一时网上各种猜测扑面而来，有说“男主人与保姆有染”的，有说“保姆因偷窃被发现对女主人怀恨在心”的，有说“保姆嫉妒女主人”的，众说纷纭。

事实上，他们的关系并没有不好，自保姆莫某到林家工作以来，她的吃穿用度以及薪资都比以往的东家高出很多，甚至还给她专门配宝马车出门买菜，借钱给她修房，这在保姆中的待遇已算极好，哪知林家碰到的是一个赌徒。莫某爱赌博，小赌到大赌，欠债越积越多，起初向林家借款，后来便开始偷表等贵重物品出去典当，直到女主人发现准备解雇她，便有了这场灾难。

林先生虽然在这场火灾中“逃生”，但他的心早已跟着妻儿走了，因对妻儿日思夜念，加上要为他们讨个公道，林先生身体也大不如前，两次进入急诊室。这些看在网友眼里，便更加对凶手莫某产生憎恶情绪，很多网友都说恨不得让林先生所受的苦痛也让她承受一遍，连外人都觉得难以接受这样的痛苦，就更不用说作为当事人的林先生了。

芥川龙之介说过："道德的损害是良心的完全麻痹。"如莫某这样的人已经不能用人来形容，泯灭人性的恶性终会使其自食恶果。过错已在，悔恨已在，莫说想把凶手怎样惩治，触犯法律的底线自然会有法律的惩治。而林先生在事后的做法才更值得我们敬佩，"世界以痛吻我，我却报之以歌"，这句话形容林先生再合适不过了。

若说谁遇到这样家破人亡的大事，难保不会对社会生出厌恶、失望之心，而林先生用他的坚强、善意为社会多添一份温存，发出公开信称"决定联合一些好友，发起设立'潼臻一生'公益基金。该公益基金将致力于提升中国高层住宅防火减灾水平，倡导房产开发商、物业服务企业和社会各界充分重视消防安全，促进家政服务业完善保姆的甄选管理机制"。除此之外，九寨沟地震时，林先生也是立马捐款五万人民币和两千件救灾衣物，并亲身参与到公益植树活动中去。

生而为人，道德是基本，法律是底线。如陶行知所说："道德是做人的根本，根本一坏，纵然你有一些学问和本领，也不甚用处。"每个人都应该对道德怀有一颗敬畏的心，虽不轻易提起，却永记在心。也正如林先生一样，即便受到了伤害，依然心存善念。

## 分歧之下，不做法盲之众

每个人都是一个独立的个体，观念不同，对一件事情的看法也会产生分歧。而法律和道德之间也常有产生分歧的时候，面对不同利益个体，法律无论如何也难以消除整个社会所有的利益冲突，相反的是，在法律发挥调节作用的过程中，还会与道德发生碰撞。

道德很大一部分由物质生活条件决定，不同的生活条件、不同的环境、不同的社会团体，道德观念也有所不同，它由社会舆论、社会习俗、人的心理理念决定。所以很多人的三观才会产生分歧。而法律简单来说是统治阶级期望的用以维护社会关系和社会秩序的规范体系。道德与法律是两种重要的社会调控手段。法律是道德的底线，人们更熟悉道德并愿意从道德的角度判断，这是由很多原因形成的结果。

一是中国自古以来就是一个礼仪之邦，人们受三纲五常影响很重，长期以来人们的行为都是以道德准则加以规范。人们耳熟能详、口口相传的道德故事不计其数，形成了一种特有的文化，从古至今深深影响着人们的思想。

二是从法律来看，法律是大家必须遵守的以书面形式存在的行为规范，一经书面形式确定，不会轻易改变，法律虽然从产生开始越来越完善，却也会越来越烦琐，甚至需要专门的律师解读，法律中的条文不可避免地会和人们以前的观念产生分歧，法官就变得好像“不近人情”，而法律似乎也只是冰冷的惩罚工具。

三是法律的设立是为了解决现实生活中出现的一些冲突和矛盾，人们对其期待颇高。当法律并没有满足人们心中的期待的时候，人们会从道德出发来判断一个人的行为，比触犯法律更严重的则是触碰道德底线，然而法律却又无可奈何，这就造就了法律与道德间的分歧。

就算是条文清晰的法律，与人们心中的道德理念相悖，人们也会感到极度不平。就如前几年的“彭宇案”，只是因为好心搀扶摔倒老人，反而被老人倒打一耙，诬陷为撞人者告上法院。一时间引起民众对跌倒老人是否可以搀扶的激烈讨论，甚至有网友说“彭宇案”令中国的道德水平倒退了 50 年。

案件的结果与人们心中的道德标尺完全不同，也让人们开始对自己信奉的道德标准以及法律的公正产生怀疑。而今天的“江歌案”和“辱母杀人案”如此受人关注也是一样，很大程度上是由于道德和法律的分歧。

对于“江歌案”中证人之一刘某，我们都知道她道德有罪，在道义上，她的所作所为颠覆了我们的三观，但是另一面她也没有触碰到法律的红线，法律并不能定她什么罪。在我们干着急之时，她依然可以安然生活。

反观“辱母杀人案”的于欢，我们心理上认为他是因为催债队侮辱母亲而伤人，他并不属于一个作恶多端之人，法官对他的判罚似乎过于严重，此时便会产生对法律的怀疑，更希望法官能够人性执法，而不是用死板的法律条文一概而论。

其实，在《刑法》的第六十三条第二款："犯罪分子虽然不具有本法规定的减轻处罚情节，但是根据案件的特殊情况，经最高人民法院核准，也可以在法定刑以下判处刑罚。"这条中的"法定刑以下判处刑罚"，也可以叫作"法外施恩"条款。这条人性执法的条款不常用，实施起来也并不容易，每个法官都必须小心谨慎，切忌出错。因此在我们看来就是法不容情，法律与道德发生冲突。

法律和道德在各自的范围调节人们的行为，其共同目标都是为社会带来和谐，一旦两者之间产生较大的冲突与分歧，就应该深思其中存在的问题。

对法而言，应该坚持依法治国，建设社会主义法治国家的治国方略，加强法治建设。要善于从法律和道德的关系中找到联系点，通过理性思维，合理结合现实社会的需要，找出分歧所在，完善法律，并尽量将法律适用于合乎规定的"情理"之中。

对德而言，道德是人们心中衡量事情最简单的标尺，但道德是用来约束自己的，而不能强求别人，也就是不能道德绑架，要崇尚道德，而非唯有道德。在道德和法律发生冲突时，第一要点还是要遵守法律，我国是法治社会，切莫让自己成为一个法盲。

# 第三章

## 重教之道：取精华，去糟粕

近年来，国内幼儿园虐童事件多次爆发，引起了社会各界人士的广泛关注。而由此引发的风波，就像浓浓的烟雾，笼罩在人们的心头，久久无法消散。这些事件的发生，也让人们产生了诸多的思考。

怎样修补幼儿园虐童事件带来的“伤疤”？怎样预防，或者说杜绝此类事件的再次发生？中国幼儿教育以及整个教育体系到底面临着怎样的境地？

在这么多起虐童事件中，有一些幼师以及保育员，完全丧失专业素养以及职业道德，对儿童进行体罚、殴打、虐待以及辱骂等等，造成了孩子们肉体上和精神上的双重伤害。

教育界普遍认为，学前教育在目前的保教过程中，在管理和安全问题上，存在着很多漏洞以及薄弱环节。必须要通过人防、物防以及技防并举的措施，加强幼儿园的安全管理，还孩子一方学习和成长的净土。

孩子接受教育的初始阶段正是幼儿园，作为教师，应该用关怀与爱，向他们传授知识，而不是让学习的天堂变成虐待的“熔炉”。

事实上，幼儿园教育中出现的问题，只是中国教育的一个缩影。任何事物的发展都不可能直线前进，肯定会遇到挫折与困难，中国教育虽然也有出现问题的阶段，但总体来看，还是在不断前进的。

## 安全教育，呵护幼小的心灵重于一切

“坚持办学正确政治方向，建设高素质教师队伍，形成高水平人才培养体系。”这是习近平总书记对于大学教育的期望，但这句话其实适用于任何教育阶段，包括幼儿园！

一个人在幼儿时期对世界的认知很大程度上会决定他成年后对世界的认知。所以，幼儿教育坚持办学正确政治方向也是很有必要的。

家长把孩子送入幼儿园的目的应该是为了孩子的成长和教育，而不是找一个看孩子的地方，把孩子送入之后就不管不顾，这完全是错误的教育理念。

而建设高素质教师队伍更是至关重要，当幼儿不懂事的时候，教师的文化素质、人品修养会起到决定性的作用！

“浙江蓝孔雀幼儿园：幼童被女幼师揪着双耳离地 20 厘米，

甚至还被扔进垃圾桶内”“上海格林双阳幼儿园：女童下体被老师塞入芸豆”……这些骇人听闻的幼儿园虐童事件，似乎曾经断续地充斥在国人的耳边，究其根本原因就是幼儿园教师素质的低下！

孩子是国家未来的希望，而我们的希望被这样残忍地对待，这是每一个有良知的公民所不能容忍的！

红黄蓝幼儿园事件让幼儿的安全和教育问题彻底发酵了出来，暴露在大庭广众之下，解决幼儿园的制度及管理漏洞已经刻不容缓，这是政府部门的要求，也是全国人民的期望！

事件发生后，教育部强调，必须按照《未成年保护法》《教师法》和《幼儿园管理条例》《幼儿园工作规程》等各种法律法规的有关要求，对一切损害幼儿身心健康的违法犯罪行为严肃查处，确认情节严重、构成犯罪的，决不姑息，必须依法追究刑事责任，尽全力保障幼儿健康成长。

其实早在 2015 年 11 月，四平市就发生过红黄蓝幼儿园 4 名教师针刺多名孩子案件。2016 年 10 月 26 日，吉林省四平市铁西区人民法院就曾经宣判 4 名被告教师有期徒刑，时间为 2 年 6 个月至 2 年 10 个月不等。她们犯有虐待被监护、看护人罪。

时间到了 2017 年 11 月，北京的某红黄蓝幼儿园再一次爆出虐童丑闻。事发原因是家长发现孩子有惊厥现象，半夜睡觉总是惊醒。孩子们的家长在群里通过交流发现，只要是半夜不睡觉的，或者总是惊醒的孩子，身上都有疑似被针扎的红点痕迹。

有人去医院检查，结果显示，孩子身上的红点确实类似针扎痕迹，家长这才询问孩子，最后得知，孩子竟然被幼儿园老师用针扎过，家长们立马报警。

记者采访时，范女士泣不成声地讲述，孩子周五放学，她给孩子在澡盆里泡澡。谁知用热水泡过之后，小孩的身上就出现好多好多小红点，尤其是屁股，她当时看到那些红点就蒙了。

作为母亲她有猜测，但她却不敢去想象，她就问孩子是怎么弄的。孩子刚开始甚至都不敢提，后来问多了才说是老师扎的。

可以想象一下一个母亲这个时候的心情，怀胎十月，如珠如宝，竟然要面对这样的事情。她不敢相信，却又不得不信，因为孩子屁股上的红点明晃晃地刺着她的眼，其他孩子的附和也让她崩溃。

最后所有的家长一致决定立马报警，愤怒的火焰已经冲出了他们的胸腔，他们迫切希望看到法律对施暴者的制裁。

这起案件是《刑法修正案（九）》实施之后，全国首例虐待被监护人的案件。

无独有偶，同样在 2017 年 11 月，携程托管亲子园教师打孩子的视频也出现在网络上，视频显示，教师不只残忍殴打孩子，还强喂幼儿疑似芥末的不明食物。

事发后，上海长宁警方以涉嫌虐待被监护、看护人罪刑事拘留携程托管亲子园的 3 名工作人员，长宁区检察院也提前介入此案。最后，警方对携程亲子园负责人郑某，以涉嫌虐待被监护、看护人的罪名依法予以刑事拘留。

从这些事件可以看出，警方一直在严厉打击虐童现象。国家和政府会一直努力，而作为家长，在担心孩子的同时，对于孩子自我保护的教育也坚决不能落下，对孩子的关注也要更加全面。这也是杜绝孩子受到伤害的有效方法。

## 教育之史，为育人之始

自古以来，尊师重教便是中华民族的优良传统，孔子作为一位伟大的思想家和教育家，几千年来，始终被尊称为“圣人”。孔子在两千多年前创办私学，让平民也有机会接受教育，这是一个巨大的历史飞跃。中国封建社会教育的主要内容，便是以孔子为代表的儒家思想及其经典。

中国最早的近代学校出现于19世纪60年代，外语学校、军事学校以及技术学校是最早的一批。值得一提的是，不少年青有为的学生，还被当时的清政府派遣到英、法等发达国家进行军事与技术学习。

中国最早的技工教育是1868年在福建船政学堂中设置的“艺圃”，这就是现代技工教育的雏形。“艺圃”的功能是培养技术工人，后来又细分为“艺徒”和“匠首”，就是培养操作熟练的技术工人和技师。“艺圃”的教育模式在当时而言是一次不小的改革，对实践动手能力的要求比较高，而且采用了半工半读的教育方法，做到了工学一体，办学上实现了校企一体。

船政学堂是先有船政，之后才有的学堂。当时中国的船政兴起，由于缺乏专业的人才，官方就开始设学堂培养人才，采用工厂和教育一体的模式。船政学堂的“监督”不仅要管理学堂，还要承担管理工厂的责任；船政学堂的“教习”就是教师，也是工程师；学堂的学生学习技术知识，同时也是工厂的工人。学生在学堂里所学习的知识非常丰富，除了理论知识之外，还要参与到生产劳动中，并用自己所学习的知识到工厂中完成生产任务。学生的学习是“半工半读”，半天在学堂上课，半天到工厂中实习。“学堂”不仅培养了技术人才，还生产了产品。船政学堂办学成果丰硕，从1868年到1907年，学生们亲手打造了30多艘舰船，这是一张令人刮目相看的学堂教育“答卷”。

时间推移到1949年，中央人民政府教育部跟随新中国的成立也正式组建了。从此之后，教育事业在和平与稳定的社会大环境中，蓬勃发展起来。特别是改革开放政策实施之后，中国教育事业更是处在加速发展阶段。20世纪80年代中期，教育体制改革全面启动，以前无法可依的行政管理方式被彻底打破了，教育领域的法制建设逐步得到了重视。20世纪90年代，中国政府提出“科教兴国”的发展战略，坚持教育为本，把科技和教育摆在经济、社会发展的重要位置。21世纪，教育体系进一步深化改革，完善以学历教育为主的学校教育系统，健全以职业资格教育为主的行业与企业教育系统，设置以文化生活教育为主的社会教育系统。

在全国各个地区和各个行业形成职前教育与职后教育互通、

正规教育与非正规教育并举、学历教育与非学历教育并重的终身教育网络，为不同年龄、不同职业的劳动者提供开放的、多样化的、社会化的受教育机会。

“文化是制度之母，教育是立国之基”，这点已经得到了全世界的认可。

文化需要教育来普及，教育又成为文化创新的发生之地，人们在接受教育的过程中，逐渐形成人格、建构知识体系以及探索发现，在思想交流和撞击的互动中，推动社会的进步以及文明的前进。

一个民族，如果失去了教育，那么也就谈不上生存的意义和活力，换句话说，一个民族正是通过教育，寻找到了他们共同生存的意义与未来，并体现于每一个个体的具体行为里面。

对于教育事业的发展，中国政府向来都是非常重视的，国家颁布了有关于教育的多种法律，全方位深层次地保障每个人受教育的权利，其中少数民族、儿童、妇女和残疾人接受教育的权利，又被特殊强调了。

众所周知，九年义务教育在我国正在有计划、分阶段地实施，小学教育在全国大部分地区已经得到了普及，同时高等教育、职业技术教育、形式多样的成人教育以及民族教育均得到了很大程度上的发展，多种层次、多种形式、学科门类基本齐全的教育体系也在我国初步形成，国际教育交流与合作也得到了深层次的发展。

长期以来，我国实行的教育制度实质上就是“应试教育”。

然而，应试教育存在着诸多弊端，这点国家在很多年前就意识到了，于是将“素质教育”这一理念提了出来，目前素质教育也正在逐步发展完善。

随着科技革命的开展、经济技术的飞跃以及改革开放的持续深入推进，在教育事业上，我国也与国际社会接轨，国内的教学也开始逐步采用外国一些先进的教育形式和理念。

中国作为一个发展中的国家，经济的发展已经让全世界瞩目，教育作为一个国家综合实力的重要组成部分，自然也不能拖后腿，所以政府才会加大重视教育发展，并且提出了很多有力的政策，来保证教育事业的发展。

总体来看，我国的教育事业已经取得了丰硕的成果。但是任何事情的发展都是在曲折中前进的，我们也要看到中国教育发展中依然存在着很多的问题，并且亟待解决。

## 优质教育，最好的一定不是最贵的

当然，并不是所有父母都只重视学习成绩。对于教育，又有一批人走入了这样一个误区：“最贵的就是最好的，我一定要给我的孩子最贵最好的环境。”之前火遍朋友圈的一篇文章《月薪三万，撑不起孩子一个暑假》又引发了一场口水战。

“去一趟美国，10 天 20000 元，请阿姨照顾女儿，5000 元；每周要上两节钢琴课，200 元一节，十节一共 2000 元；游泳班 2000 元；英语、奥数、作文也得上培训班，这是 6000 元，这么一算总花费需要 35000 元了。”这是文章的作者，一位高管妈妈统计的账单！

“不能让孩子输在起跑线”“不能让孩子比别人差”似乎已经成为一个常态理念，家里经济状况支持的情况下给孩子更好的环境也很正常，但是现在网上许多人吹嘘的这种“烧钱式教育”却并不值得鼓励。

对孩子要进行优质教育，但优质教育却不是金钱教育。很多家庭经济条件中等，但是却坚持要做到自己的孩子“绝对不能比别人差”，什么都要比较。其他学生上补习班，自家孩子就得上更好的补习班；其他学生练琴，自家孩子不仅要练琴还要学画画；学着画画看到别人家的孩子练书法，瞅瞅自己的银行卡余额，咬碎了牙再报。琴棋书画必须样样俱全，一定要学最好的，一定要报最贵的！

这种不健康的思维方式也会给孩子带来非常不利的影响，孩子可能会有严重的攀比心理，“非名牌不穿”“非最好的不要”等等，父母的行为显然是这种现象出现的主要原因之一。

况且，不看实际情况也无法做到因材施教，还会给孩子带来一定的心理压力，或许孩子不喜欢，或许孩子不适合，或许这样盲目求贵、攀比才是孩子不能进步的原因。

《中国青年报》曾经做过一次问卷调查，调查结果显示，48.3% 的受访者都认为身边父母的教育消费根本不理性；59.9% 的受访者觉得是培训机构、商家的宣传强化了这种不理性；62.8% 的受访者心中成功的教育是寓教于乐、在玩乐中学习。

这项数据说明了什么？大多数家长被商家的宣传洗脑，做出一副为孩子要生要死付出一切的样子，而孩子却不买账！此言略微残忍，但却是事实。

清华大学教育研究院常务副院长史静寰曾说 ：“重视教育长期以来是我们民族的传统，近几年来较为突出的‘教育消费不理性’问题，和当下社会分工逐渐细化、劳动力市场对学生素质能力的期待逐渐提升等因素有关。我们应加强对社会培训机构资质和能力的管理，要将学校教育和社会教育统筹并有机结合起来，构建学习型社会的社会氛围。”

她认为，“家长教育消费的不理性，其实是更长远地考虑到了就业市场的竞争加剧，在孩子未成年时就开始了早期准备”。

近年来“学区房”这个词突然火爆。百度百科是这样解释这个词的 ：学区房是房地产市场的衍生品，同样也是现行教育体制下的一个独特现象，随着社会竞争的日益激烈，家长为使孩子不输在教育的起跑线上，不惜花费重金购置一切属于教育质量好的小学学区的房产。也就是说房子要根据孩子要去的学校买，不管花多少钱。

与这个词一同火爆的，还有一篇题为《对不起，爸爸妈妈给不了你 800 万的学区房》的文章，文章读起来似乎情真意切，感动了无数人。

文章中写到，当孩子咿呀学语蹒跚学步之时，没有带他去学费 3 万的早教班。当孩子适龄该踏入幼儿园之时，没有送他去学费 8 万的双语幼儿园。而当孩子即将入学之时，依然无法给他 800 万的学区房。前面道无数声“对不起”，然后辞职带孩子环游世界，遵循“读万卷书不如行万里路”的思想。

这篇文章中表述了一种理念：最贵的才是最好的，没有最贵的教育我们就不要教育了，我们带你去环游世界，开阔眼界！

其实对于一个五岁的孩子来说，最好的教育其实就是爸爸妈妈的陪伴和与其他小伙伴的共同成长，五岁的孩子并不适合不停地改变生活环境，五岁环游世界对于开阔眼界是否有帮助也尚无定论。

对于这个阶段的孩子来说，家门口的小公园和国外的风景区并没有太大的区别。国外的珍稀候鸟也并不比村里偷吃稻谷的麻雀好看到哪去。

清华大学教育研究院常务副院长史静寰认为：“家长本身也需要教育和引导。”首先要意识到孩子的个体差异性，其次不应把自己生活中的缺憾强加到孩子身上，作为家长应该更多地关注到孩子的兴趣。家长要做的，是在孩子自然成长的过程中，为其提供必要的支持，但绝不是强制和替代。

所以说，以孩子为重心，陪伴孩子，引导孩子求知，帮助孩子成长、学习才是最重要的，而不是金钱的不断浇灌。

## 教人教心，拒造“模板式”人才

几年前经常有一些无奈又可笑的新闻报道，“某中学生问为何学校的鸡蛋和家里的不一样，太硬了咬不动……”“某高考状元上大学时带着母亲，因为日常生活完全不能独立，洗脸刷牙都靠母亲……”“某学生考上重点大学后接受采访不敢说话，原来平时从无交际，只有学习……”等。这类在学校教育中获得肯定，在学业上能够获得好成绩，但是在实际的工作和生活中却没有自理能力、人际交往能力特别差，即所谓高分低能学生所在多有，往往成为广大“吃瓜”群众茶余饭后的谈资。

然而对于很多家长来说，“听话”“成绩好”是他们教育孩子的最大的诉求和目标。直到 2017 年 10 月，“豫章书院事件”爆发，才使家长们开始反思，到底什么样的教育理念才是正确的。

在江西南昌，有一所“豫章书院修身教育专修学校”，许多家长为了让孩子“戒掉恶习”，将其送入这所号称国家文化精髓染化问题少年的住读式学校。然而 2017 年 10 月，陆续有多名网友爆料称“豫章书院”存在严重体罚、囚禁、暴力训练等诸多恶行。一时间引起了广泛关注。

豫章书院的学生曾经描述过那段暗无天日的日子，关押的房间光线很暗，只有一丝微弱的光，是透过排气窗的缝隙照进来的，根本分不清是白天还是夜晚。两侧的墙壁生满了霉斑，墙角的地板上放着一条没有被套的旧军被，有时会看到蚂蚁和蟑螂爬来爬去，因为没有褥子，被子只能一半铺一半盖，另一侧放着一个用来方便的桶，周围只有这些。

学生讲到，每天会有人送进来一点吃的，通过活板门塞进来，菜和饭都拌在一个铁碗里，认不出来是什么。把饭都吃了以后就腹泻了整整一天，后来他每次只敢吃一点，根本不敢多吃。

在被关押的最后几天里，他强迫自己和送饭的学生讲话，甚至偶尔同来探视的教官说话，甚至会对着墙壁自说自话，因为这样才会让他暂时抛弃逃跑和寻死的念头。

这场景让人触目惊心，遍体生寒！豫章书院的所谓“教官”和“老师”们的罪责已定，毋庸置疑！

事件爆发后，CCTV13 播放了一段采访，播放内容有：学生控诉豫章书院存在严重的体罚，他们经常被铁尺打手。而豫章书院院长任伟强却说，书院招收的是有不良行为的青少年，有逃学、厌学、沉迷网络等恶习。这难道就是施暴于他人的理由？

学生们反映，每个新生初来乍到，都要被关在“小黑屋”七八天。对此任伟强还狡辩，说学生都是带着对抗性来的，有过激行为，所以要关进“小黑屋”平复情绪。

采访中，记者谈到，书院有两间小黑屋，叫作“静心堂”，6—7 平方米，看起来很整洁。但是其中的一间小黑屋墙壁是重新粉刷过的，里面刻有一个很大的“家”字，此外还有很多类似于倒计时的小字，还有不少脏话。字刻的痕迹都非常深，完全可以看出在里面的孩子心情是多么激动。

学生说学校打人特别狠。任伟强最后还在强调：“把古代的方式放在现代可能不合适，主要是那些孩子太伤害人了，普通的言语无法起到教育作用。”

从这段采访中我们就可以看出，豫章书院的管理者对此种灭绝人性的所谓教育方法分外自得。

那么家长呢？许多人都感到很疑惑：为什么有那么多父母愿意将自己亲手养大的孩子送到这样的地方去受折磨？能把孩子送进来的家长起码也是同意这种体罚方式的，这说明他们已经意识不到教育最重要的目的了，更可笑的是他们确确实实认为这是在对孩子好，在他们的眼中，只有两耳不闻窗外事地学习，只有完美的试卷分数才是对孩子最好的。

有的家长感到后悔，觉得自己不应该把孩子送到豫章书院。但也有家长还是认同这种灭绝人性的教育方法：“我知道女儿被打，但总比逃学好。”

孩子逃学自然有逃学的原因，家长作为亲人应当找出原因帮助孩子解决并给予关心爱护，“不打不骂不成器”早已成为过去时，更何况这种践踏尊严的体罚方式。

“戴着背铐什么都做不了，我就被关在一个很小的黑屋子里面，大概能有一个小时吧，他们放我出来去一个老式的茅坑处理一下，裤子衣服什么的当场就丢了，我就光溜溜的在一大群人面前去洗身上，那一刻我以前的自尊和隐私都荡然无存了。”这是一个孩子被绑着，大便失禁后豫章书院的处理方式，不知道听了之后那个母亲还认不认为“总比逃学好”？

美国家庭治疗大师萨提亚说：“当孩子确实有错误需要纠正时，充满慈爱的父母通常会采取很坦诚的办法，询问原因，倾听孩子的心声，给予关爱和理解，同时体会孩子的感受。最后，才利用恰当的时机，在孩子自然地想倾听时才给他们讲道理。”

2017 年 1 月 3 日，当地教育部门及民政部门发文核准了豫章书院的注销申请，该校终止办学。令人意外的是，有许多家长激烈反对该校关门，积极为学校辩护。事实上，与豫章书院类似的机构在全国范围内并不少见。由“网瘾戒除”“体能训练”等致死致残的事件也不时见诸报端。对于“问题少年”的教育究竟应采取什么方式，才能避免悲剧的再次发生，值得我们深思。

## 革新，稳固教育之根

每年 6 月份的高考是全国人民最关心的大事之一，“千军万马过独木桥”“高考决定人生”“十年磨一剑，成败在今朝”等等，这些话不能绝对认同，却也有一定的道理！所以高考那天不管是家长还是考生自己，都会感到十分紧张。

以前高中的一次文理分科，几乎就决定了接下来学习的重心，不管是选文还是选理，只要做出决定，就必须认真学习所选择的所有科目，哪怕学生再讨厌、再对某一科没有天赋，也必须为了高考总成绩生硬地啃下去。为了学生的全面发展，高考改革应运而生。

高考改革是全社会极其关注的问题，是教育体制改革中的关键环节，党的十八届三中全会通过了《中共中央关于全面深化改革若干重大问题的决定》，对高考改革做出了明确的部署。

在高考招录中会采用“两依据一参考”政策，即依据高考统考成绩和高中学业水平考试成绩，参考高中学生综合素质评价内容。高考成绩由语文、数学、外语3门统一高考成绩和3门（物理、生物、化学、历史、地理、政治6科中选3科）学生自主选择的高中学业水平考试科目成绩构成，作为高等学校录取的基本依据。并且将高职院校与普通高校的考试招生分开进行，实行分类考试。先取消三本院校，改变先前按照一本、二本、三本院校分数线录取的方式，逐步达到按照专业录取。

比较重要的是，外语考试不再于高考统考时举行，由学生自主选择考试时间和次数，实行社会化一年多考的改革。

国家教育咨询委员会委员袁振国提出：“从世界趋势和个人发展来看，都需要改变外语在高考中和语文、数学同等重要的局面。”他认为，此次探索外语考试“社会化一年多考”，如果能够成功，就是高考改革的一大进步，也将打破“一考定终身”的现象。

教育部副部长林蕙青曾经说：“只有大家宽容支持，高考改革才能坚定前行！”

2014年3月22日，教育部副部长鲁昕在中国发展高层论坛上表示，中国即将实现两类人才、两种模式高考。第一种考试内容为技能加文化知识，这种高考模式是技术技能人才的高考；第二种高考模式是学术型人才的高考，也就是现在的这种高考。

技能型人才和学术型人才的高考各自分开。技术技能型的第一类是工程师，还有第二类是高级技工，最后一类是高素质劳动者。之前的职业教育只追求技能，随着现代信息技术的发展和产业升级，以技术为基础的技能才是最被市场需要的。

据相关资料统计显示：2018年起，中国每年的高校毕业生将突破800万人，短期内新增劳动力的就业结构性矛盾的突出表现就是高校毕业生就业难，还有技术技能人才供给不足。2013年有140万人进入技术技能类型的教育，他们通过的是第一种高考方式，实践证明他们大多已经精准地找到适合自己的好工作。

高考将一步一步改革，教育将一步一步发展，希望我们的青年朋友们能逐步摆脱束缚，卸掉重压，找到适合的职业发展方向！

## 老年教育：引领教育新格局

世界上第一所老年大学是1973年在法国创办的。而20世纪80年代，随着中国老龄人口的增多，老人们的心灵世界也逐渐受到关注，老年大学在中国许多地方兴起了。

老年大学首先是广交朋友的平台，其次是智力开发的基地。这个平台和基地成为老人开心的乐园，让他们免于孤苦。老年大学既有固定场所集中授课，也能远程授课，办学方式非常灵活，老年大学的授课内容也是极为丰富，包括健康、烹饪、艺术等多个方面。

健康、烹饪、艺术这类的课程没有年龄的界限，只要有兴趣就可以学，并且不过分耗费体力，忙于工作的子女也不用担心父母的身体问题，老人也不会再觉得一个人在家里孤独寂寞，可以和老姐妹老兄弟共同学习，开心地享受晚年的生活。

人口老龄化时代已经到来，而我国需要建设终身学习的学习型社会，老年大学就此发展起来，这是时代的产物。在这种情形下，不管是党和政府，还是社会各界都特别重视老年人的生活问题。胡锦涛同志就早已深刻指出：“尊重老年人就是尊重人生和社会发展的规律，就是尊重历史。”

从小的方面来说，年轻人忙于工作没时间陪伴老人，就算将老人的食宿照顾得再好，将老人单独丢在家里，也是一种精神上的不孝，我国自古以“仁孝”为善德，传统美德坚决不能丢。

提高全民族的科学文化素质，是党和政府多年来强调关心的大事。“形成全民学习、终身学习的学习型社会，促进人的全面发展”早已在党的十六大报告里指出。

全民学习、终身学习的典型人群不就是老人吗？这是实现我国全面发展的重要一步，并且提倡老人学习这种“活到老，学到老”的精神也能给年青一辈做出优秀的榜样。

老年大学面对老年群体，现在还处于摸索阶段，办老年大学的经验和理论都是缺乏的。要不断探索，认真总结，通过一次又一次的经验和教训，提高办老年大学的水平。

老年大学的目的是帮助老人“增长知识，丰富生活，陶冶情操，促进健康”，这一宗旨是明确的，使老人们“老而有所学，学而有所乐，乐而有所思”才是最重要的。在老年大学，更重要的不是学知识学文化，而是学心态。如果一个国家的每一个老人都笑容和蔼，安宁慈祥，那么这个国家必然是一个强大且伟大的国家。

人人都享有平等的受教育权利，无论是垂髫小儿，还是耄耋老人。就近几年的发展来看，中国是发展最快的国家，中国教育也是进步最快的，或许现阶段还存在种种不足，但我们有实现教育全民化的意志和决心，并且一直动员全体社会成员投入全民教育，坚持实行教育援助。中国教育正在经历前所未有的改变和进步，中国教育的未来有无限可能！

## 多元教育：先融合，再精专

我国社会主要矛盾已经转化为人民日益增长的美好生活需要和不平衡不充分的发展之间的矛盾。如果具体到教育领域，这个主要矛盾就体现在人民日益增长的教育需要与教育不平衡、不充分的发展之间的矛盾。如果想要更好地解决教育领域的矛盾，不仅仅需要公办教育更快更好地向前发展，更需要民办教育的蓬勃发展。由于公共财政投入的限制，提供更多更好的基本教育、公共服务是公办教育的主要办学方向，而相对而言，民办教育则可以提供更多、更为优质的差异化教育服务，极大地满足人们的个性化教育需求。公办教育和民办教育相互补充与协作，才可以将教育领域的主要矛盾很好地化解，更大程度地满足人们日益增长的教育需求。然而当人类社会踏入知识社会，知识更新速度愈来愈快，社会对于人们知识与能力的要求也越来越高，学习主要在学校完成，很显然已经适应不了社会发展的需要，知识社会要求人们不断更新知识与能力，以满足职业的要求与社会进步的需要，这些都使得终身教育能够得以推广。终身学习是一种学习理念，更是一种良好的生活方式，终身教育的思想事实上在古代就已经产生了，但是到了农业社会，甚至是离我们更近的工业社会，终身学习并没有得到很好的普及，学校仍然是人们主要的学习场所。

终身教育，就意味着教育不仅在学校，人的任何一个成长阶段都要接受不同的教育。

现在是知识经济时代，顾名思义，知识是伴随着经济同行的，人们要跟得上时代的步伐，就要在继承传统文化的同时，还要不断地学习新的知识，以更好地适应目前的新形势，终身学习成为人们的生存之道。每一个人都要学习，每时每刻都要学习，持之以恒地学习，才能满足生存的需求。

任何一个单位要不断地发展进步，就要组织所有的员工不断学习进步，定期学习理论知识，也要在实践中学习，只有不断学习才能适应社会发展的需要。现在高等教育已经逐步普及，在工作岗位上奋战多年，已经具备了扎实的功底，掌握了一定的知识，但是知识是要不断更新的。不同的社会时期，对于知识的应用能力的要求也是不同的。有知识，并不等于有能力。

人在成长的过程中，在学校接受的教育是基础教育，在社会接受的教育是应用教育。社会就是一所更大的学校，不仅要有应用知识的能力，还要具备一定的实践能力。工作多年的人都会领会到，知识是在实践中逐步摸索并总结出来的。

工作岗位本身就是一个新的专业，即便是有了知识积累，也要学会应用知识，让知识不断地融合到岗位中。要提高岗位能力，就要不断地学习，才能让自己适应岗位，在岗位上得到跨越式发展。任何一个人在工作岗位上之所以能获得精彩的成就，都是要经过千锤百炼，只有坚持学习，才能在事业上开拓创新。工作的过程中需要不断地学习，如果不坚持学习，就会落后于人，只有勤奋学习，学习具有时代特色的知识，才能跟得上时代，不让自己的思维落后，不让自己在工作中拖后腿。

正如我认识的一位老朋友乔老师，乔老师已经退休了，要学习平面设计。丈夫不同意，说："眼神都跟不上呢，还学习平面设计呢，学一学书法、绘画不是很好？"

乔老师说："多年前就要学习平面设计，就是没有时间。现在退休了，就可以实现自己的愿望了。难道平面设计只有年轻人才能学习吗？"

乔老师到一个平面设计培训班咨询，接待人员介绍说："我们这里可以学习的科目还有很多，适合年长的人学习。"

乔老师说："我就是要学平面设计。"

接待人员说："平面设计需要有电脑基础，您这个年龄段的人恐怕对电脑操作不是很熟悉，怕会影响学习质量。"

乔老师说："我的电脑操作很好的，和女儿学的。女儿是广告专业，我就是想学习平面设计，平时可以与女儿交流。女儿结婚了很少回家，回来了就有话题可聊了，防止出现代沟吧。"

乔老师的一席话说得大家都笑起来。

乔老师说："反正我也是闲着，学点知识不是挺好。"

很多上了年纪的人会觉得自己已经老了，学习知识是年轻人的事情，自己学了也没有用，索性就不学了。其实学习贵在坚持，学会的知识就一定会有用的。

接待人员说："对于您这个年龄的人而言，学习平面设计还是很吃力的。"

乔老师说："没关系，我可以慢慢学，不懂的可以问问女儿。"

有多少人认为自己年龄大了，学习知识很吃力，最终放弃了学习。乔老师不是这么认为，她是希望学点知识，能有条件与女儿交流，也让自己接触到新事物，思维开阔一些。学习知识也是让自己有事可做，让生活更为充实一些。

社会在发展，生活中和工作中所涉及的知识都在发生变化，要让自己不落伍，就要坚持学习，而且无时无刻地学习。如果不学习，就跟不上时代发展的步伐。现在社会上有各种培训班，还有老年大学。每个人都有自己的特长，也有潜能，通过学习将智慧释放出来，让自己更有价值不是很好吗？

终身教育的办学资源从学校延伸到社会，实现了办学资源效益的最大化，让更多的人有了学习的机会。站在历史发展阶段的角度来看，学校办学形式主要经历了农业社会组织形式相对散乱的模式与工业社会标准化、系统化以及统一化组织严密的模式，但是随着社会需要的变化以及信息技术的广泛应用，学校的办学模式进入了追求个性的时代。

工业社会时期学校所形成的办学模式适应了工业社会的发展模式，但也使得学校近乎相同，即使是不同的学校，也有着相似的面孔，统一的组织、课程体系以及授课模式。随着社会的持续发展，这种组织模式已经与社会发展相脱节。

我国初等教育已经基本普及，高等教育也开始进入普及化阶段，人们未来的教育需求将从教育需要的满足向追求更好教育的方向演进，所谓的更好教育就是适应每个学生特点的教育，在教育基本普及的情况下，人们更加期望选择符合学生特点的个性化学校，这必然要求学校向更加个性化的方向发展，只有更加具备个性化发展的学校才能够满足人们对更好教育的需求。

工业社会学校组织模式的典型特征是金字塔式的垂直管理体系，随着学生的培养方式更加个性化，学校的组织模式也必然发生相应的变化，其基本动向就是弹性学制的采用和组织结构的扁平化。学校将根据学生的个性化学习需要采用更加个性化的教学安排和活动安排，组织层级也将相应减少，金字塔式的垂直管理体系将日趋扁平化。

千百年来，教师在教育教学中起到的是主导者和知识传授者的作用，但随着社会的进步，教师的角色和作用正在发生重大的变化。教师角色的分工更加细化。传统上，虽然有资历和职称的差别，但是所有的教师都几乎做着同样的工作，但是教师队伍日趋分为授课教师和辅导教师两大类，一些讲课能力强、水平高、能够契合学生需要的教师将主要担当起授课教师的角色，除了面授，这类教师的讲课视频将通过互联网等技术手段广泛传播，满足广大学生的需要。而许多教师将承担起辅导教师的角色，针对学生的需要进行辅导，满足学生的个性化学习需求。

教师将主要承担起学生学习规划者和引导者的作用，而不再是直接的知识传授。随着信息技术的广泛应用，特别是人工智能的广泛应用，混合式学习日渐普及，学习更加以学生为中心，大部分教师的作用将不再是直接传授知识，而是要承担起为学生定制个性化学习方案的角色，针对不同学生的不同学习需求制订不同的学习规划，并且对学生的学习进行引导，这和传统上教师的角色和作用将有着非常大的不同。

在工业社会所形成教学模式中，教师处于支配地位，整个教学是以教师为中心的，作为受教者的学生更多时候是被动接受学校和教师的教学安排，而教师的教学是在教育行政部门和学校的统一安排下进行的，导致学生学习缺乏主动性。

而随着社会大环境的变化和信息技术的发展，学生的学习模式正在发生改变，正在越来越以学生为中心。

未来社会的发展需要具备终身学习能力的人，这需要学生在学校接受教育时期培养积极主动的学习能力和学习愿望，这必然要求教师改变传统的教学模式，使得教学活动更多地以学生为中心。

同时，互联网的大发展也为以学生为中心的学习提供了可能，互联网的教育资源已经极其丰富，未来还将更丰富，这为学生主动学习提供了必要的条件。到目前为止，人类历史上一共发生了四次产业革命，第四次产业革命以云计算和人工智能为标志。第四次产业革命已经影响了许多领域，整个社会越来越智能化、自动化、数字化。

而在教育领域，第四次产业革命的影响也日渐凸显，以互联网、云计算、大数据、物联网、人工智能等为代表的信息技术在教育领域中的应用越来越广泛，教务工作开始智能化、自动化和数字化。

信息技术在教育领域的应用能够提高教育的效率，降低教育投入的成本，取得更好的教学效果。随着信息技术的日益进步，可以预见信息技术在我国教育领域必将得到更广泛的应用。

而随着人工智能技术的发展，人工智能将全面辅助学生课程内外的学习，这为学生的主动学习提供了更大的可能。此外，混合式学习也是以学生为中心的，混合式学习改变了传统课堂教学以教师为中心的学习模式，要求学生在学习中更加积极主动。

中国第一家人工智能教育系统已经于 2018 年 5 月落户沈阳。这套系统采用的教学模式是线上线下“双师”课堂，AI 系统模拟特级教师对孩子进行授课，都是一对一量身定做教育方案。在对学生进行一对一教育的过程中，线下教师对学生进行辅助教学，同时还关注学生的情感，将情感融入到教育中，构建了充满活力的学习氛围。教师与学生之间高度互动，将学生的主体意识激发起来。该系统的一个特点就是将知识点进行拆分，发挥人工智能的作用对知识点精准排查，将学生所需要的知识和知识盲点找出来，对学生进行针对性辅导，对学生掌握学习方法还具有指导作用，学生在学习中就不会做无用功，提高了学习效率，学习成绩也会很快提高。

这套系统是智能自适应学习系统，利用大数据分析知识点和学生的学习弱点，做出精准评测，根据数据分析结果制订个性化的教育辅导方案。采用这种线上和线下有机结合的教学模式，学生在学习环境中高度互动，让学习社区充满活力，有助于提升学习效果。

人工智能在未来的教学领域中所起到的作用是不可忽视的，不仅可以带动整个教育体系良性发展，教育水平也会显著提升，进而推动教育信息化，实现全面素质教育。

总之，信息技术在教育领域的广泛应用和学校教学模式的转变都要求学习更以学生为中心，要求学生更加积极主动地学习，这必将成为未来中国教育发展的大趋势之一。同时随着技术的进步，特别是互联网、大数据、人工智能和物联网在教育中的应用，为学生的个性化培养提供了技术和经济上的支持。

## 教育强国：有广度才能全面兴盛

根据《中华人民共和国义务教育法》，中华人民共和国实行九年义务教育，从小学到初中。法律规定，九年义务教育期间学生的学杂费全免。

但不可避免的是，在城市里的许多提供九年义务教育的学校依旧以其他名目向学生收费。一般普通小学和初中学费很低，家长基本都可以负担得起，基本不会有上不起学的情况出现。

但是在农村自 2007 年国家规定中小学九年教育免费后，广大农村地区就很少设立初中了，如在贵州、四川、陕西等省的山区尤为严重，学校稀少且学生分散，有些学生的住处与学校的距离特别远，甚至有十几千米之多。

这些状况说明有些地方的孩子上学还是困难，可这些国家和社会都会慢慢解决，尤其是 21 世纪的现在，一座又一座的希望小学拔地而起就是最好的证明。

2016 年，我国学前教育达到中高收入国家平均水平，毛入园率升到了 77.4%，小学净入学率为 99.92%，义务教育普及率甚至高于高收入国家平均水平。高中阶段教育毛入学率也高于中高收入国家平均水平。到了高等教育，毛入学率为 42.7%，这个数字也已经超过中高收入国家平均水平。

职业教育每年输送近 1000 万技术技能人才，进入到各行各业，开展各类培训上亿人次，这为我国传统产业转型升级、新兴产业发展壮大做出了明显贡献。我国教育事业在国际上的地位明显提升，已跨入中等偏上行列。

受教育的义务和权利开始被全国人民重视起来，几乎所有人都知道，剥夺子女接受义务教育的权利是违法的。

城市居民为了孩子的教育尽心尽力自是不提，哪怕偏远山区的人也一直秉承一种观念："让娃子好好学习""让他识字学文化，考好大学""不能跟我们一样大字不识一个"。这些辛苦了一辈子的人的美好愿望就是让子孙后代受到教育。而不是像上一辈那样"学习有啥子用，好好干活儿"，这是多么美好而又伟大的进步！

从另一个层面来说，这其实不只是学校教育方面的进展，这也是全民教育成效的体现。除了孩子，现在的父母，甚至老师也在接受教育，父母和老师都在学习更多更好更适合教育孩子的方法，并且自己也想学到更多的知识。

越来越多的人乐于学习如何做一个更加优秀的父母，理解孩子，与孩子谈心，做孩子的朋友，尽量理解小孩子的想法。不得不说，那些"你一个小孩子懂什么""听我的照着做就行了""小孩能有什么隐私"等言论虽然还存在，但的确越来越少了。

而老师也开始学习新式教育方法，各大学校派学校骨干老师去学习，学的不仅仅是知识，还有各种各样更适合学生的教育方法。

习近平总书记一直以来都非常重视教育的工作，他对教师这一职业十分看重。他指出："教师是人类历史上最古老的职业之一，也是最伟大、最神圣的职业之一。”他还表示“教师是立教之本、兴教之源，承担着让每个孩子健康成长、办好人民满意教育的重任”。

习近平总书记曾经说，传道者自己首先要明道、信道。他还对广大教师提出了“三个牢固树立”的殷切希望：牢固树立中国特色社会主义理想信念，牢固树立终身学习理念，牢固树立改革创新意识。

怎样成为一个好老师？这个问题从古至今，众说纷纭！而习近平总书记提出了四条标准：首先要有理想信念，其次要有道德情操，还必须要有扎实知识，最后要有仁爱之心。这四点缺一不可！习总书记还说 ：“广大教师要做学生锤炼品格的引路人，做学生学习知识的引路人，做学生创新思维的引路人，做学生奉献祖国的引路人。”

# 第四章 站在新的历史制高点上

一个国家要发展壮大，制造业是基础，起到非常重要的产业支撑作用。中国的伟大复兴，有赖于制造业规模的扩大和实力的增强。中国的经济快速发展起来，发挥制造业的作用是不可忽视的，特别是近年来制造业在技术上不断创新，更是让中国经济不断有新的增长点形成，呈现出新的发展面貌。“中国梦”的一个重要内容就是强国梦，在社会进步和经济发展的同时，发挥制造业的作用，提高制造业的综合实力，使中国进入到世界制造强国的前列，才能够促进中国国际地位的不断提升。

回首历史，18 世纪中叶人类迈进了工业文明时代，国家的兴衰与制造业发展的强弱不无关系，中华民族的奋斗历程也离不开制造业的发展，没有繁荣的制造业，国家和民族就不能强盛。中国要提高国际竞争力，就要打造世界一流的制造业，这是提升综合国力的重要资本，也是建设世界强国的重要途径。

制造业是中国经济的根基。“十二五”以来，虽然国内外经济形势复杂多变，我国制造业并没有因此受到影响，而是始终保持稳步发展的态势。也正是由于中国制造业的国际地位提升了，中国的综合实力才显著增强，迈上了新的台阶，站到新的起点上。到2020年，中国要基本实现工业化，全面建成小康社会，制造业发展是主导力量。制造业只有由大变强，站在新的历史制高点上，才能为我国经济持续健康发展做出积极贡献。

## 军民相融，同一颗心筑同一个梦

2015年3月，习近平总书记将“军民融合发展”提升为国家战略的高度。现在，军民融合发展战略正在不断地向前推进，为制造业新的发展指明了方向。军工产业要想更好地发展，就要将固有的优势发挥出来，与经济社会建设相结合。军工产业不再是独立运行的，而是正处于统筹发展中，为实现中国梦而努力着。中国的制造业要打好翻身仗，就要以军工企业为依托，让军工企业的发展之路越来越宽，这也是让中国走向富强的重要战略思想。“军转民”和“民参军”已经成为军民共建共享的新途径，也是制造业新的发展模式，让高等院校和科研院所发挥内核的作用，将先进装备制造产业集群建立起来，形成一个一体化的制造业发展体系，积极引进新技术和新材料，按照节能环保理念推进制造业产品的创新化、高端化。制造业产品由“低端”向“高端”发展，需要创新技术的驱动，提高竞争优势，使中国的制造业呈现出欣欣向荣的新局面。

中国的科学技术领域快速发展，军用技术不断增强，但是，军用技术与民用技术之间依然存在着差距，通过军民融合实现军用技术和民用技术的双向转移，着力于军民两用高技术的产业化发展，在科学技术的带动下，军用技术的发展速度加快，民用技术渗透到军用技术中，满足国防军队发展的要求。

军民融合发展战略使得军工产业在社会经济发展中切实地发挥作用，军工产业和地方产业两者的协调发展中，各项资源共享，使资源得到充分利用，军工产业所生产产品的市场竞争力就会增强，社会经济发展进度也会加快。正是在军民融合发展战略的推动下，一些军工企业不再进行单一的武器装备生产，而是在强大科研力量的支撑下走上了“军转民”的道路，军民两用的科学技术创新成果大量涌现出来，不仅对社会经济发展起到了促进作用，军力得以增强，而且还改善了民生。包括超级计算机、卫星导航系统等基于网络信息技术的行业也向高端技术领域推进，融入到高端装备制造以及航空航天航海等行业当中。

说起超级计算机技术，很多人并不会感到陌生。新一代的超级计算机所采用的是涡轮式设计，各个服务器之间协同工作。机柜的运算能力是非常强大的，平均每秒钟可以达到 460.8 千亿次的运算，高性能运算速度测试的效率为 84.35%。由于超级计算机的运算和存储都是独立运行的，当计算机软件系统更新的时候，或者给 CPU 升级的时候，数据信息以及资料都不会受到影响。所以，超级计算机的信息存储具有非常高的安全性，无论是计算机的技术升级，还是运行维护，都非常方便。2017年6月，世界上的超级计算机500强中，中国“神威·太湖之光”名列榜首，运算速度是每秒9.3亿亿次。超级计算机是国家尖端科学技术，不仅标志着国家的科技发展水平，也标志着国家的综合国力。将超级计算机用于工业领域中、科研领域中，发挥科学技术成果的服务性作用，不仅使中国的社会经济得到深化发展，而且开辟了一条科技强国路。

C919大型客机首飞，全国人民都欢腾起来，大飞机行业不再被国外公司垄断，中国也有生产大型客机的能力了，这对中国的航空事业而言是历史性的突破，说明中国航空工业领域的科学技术实力大大增强。当人们沉静下来的时候就会想，这是中国自主产权的大型客机，有多大的国产率呢？是不是使用的国产发动机呢？其实这些问题都不是很重要，需要辨认一下C919大型客机的“C”，这才是最有意义的。在世界的民用客机制造领域中，“A”（空中客车公司：Airbus）和“B”（波音公司：Boeing）是较为常见的，也就是说，长期以来，民用航空的研制、开发和制造都是被空中客车公司和波音公司所垄断，没有“C”。现在“C”（Commercial Aircraft Corporation of China，Ltd.；缩写：COMAC）出现了，与“A”和“B”形成了三足鼎立的态势。C919大型客机就是军民融合力量的体现。中国在军民融合战略发展上与国外有所不同，中国的军民融合主要不是依赖于市场经济发展推进的，而是国家主导下，将社会主义制度集中力量充分发挥出来，起到“助推器”的作用，让军民融合更显优势。

2018 年 2 月 26 日，中国华融资产管理股份有限公司旗下的控股子公司华融金融租赁股份有限公司与中国商用飞机有限责任公司签订购机协议，购买 20 架 ARJ21 新支线飞机和 30 架 C919 大型客机。

中国商用飞机有限责任公司是中国民用飞机产业核心企业，2008 年 5 月在上海成立。2017 年 10 月，中国商用飞机有限责任公司已经将第三架 ARJ21 新支线喷气客机交付给客户，这就可以说明，中国的支线喷气客机正迈向批产化。

在中国的制造业发展中，发展民用飞机产业是重点内容，起到满足国内外不断增长的民航运输需求的作用。中国华融与中国商飞建立合作关系，不仅实现优势互补，还可以资源共享，通过合作达到互惠双赢。C919 大型客机项目的实施，国内外的很多机构都给予了信任，获得了用户的支持，在大型客机的研制中，会更多地考虑用户的需求，按照国际适航标准展开大型客机的研发工作，提高产品的安全可靠性，为客户提供更好的服务。

航空工业是规模大、利润高的产业。C919 大型客机研制成功是挤进国际市场的第一步，之后需要做的就是让脚跟站稳，让客户愿意购买中国生产的飞机，让乘客敢坐中国生产的飞机，也更愿意坐中国生产的飞机。自主研发生产飞机的重要一点就是还可以降低航空公司的成本，相应地提高利润。

从研发的角度而言，C919 大型客机的进度是很慢的，研制民用大型客机与大中型军用运输机有所不同。大中型军用运输机是针对打仗而言的，运输机只要能发挥运输人员、装备和军用物资的功能就可以投入使用，诸如舒适度、经济性以及耗油等问题都不是重点考虑的，甚至安全性问题都要往后排。民用大型客机对各方面要求都非常高，面对的问题也很多，还要做到自己的产品比别人好，这对于初次步入此领域的中国而言是很有难度的。从研发、设计到生产都要步步为营，因此研发的进度比较慢也是正常的。研发工作必须做到细致入微、论证准确，才能保证后续的设计工作和生产工作顺利展开。军用航空工业想要得到更好的发展，让生产的军用战机接近世界先进水平，离不开民用航空工业这个基础，更需要军民兼用航空工业的支撑，逐步解决资金问题、产能问题。从某种意义上讲，C919 大型客机就好像是一块“敲门砖”，意义就在于将中国的航空工业推进世界航空工业市场。C919 大型客机首飞的成功，勾勒出中国航空工业发展的新蓝图。

当代的军工企业发展和工业现代化建设对社会、经济和科学技术都具有很强的依赖性，军民融合发展战略调动起“民参军”的热情，将军工企业的发展建立在民用企业的基础上，将军工区的建设建立在国民经济体系基础上，民用产业与军用企业融合发展为强军富民提供了“新动能”。利用科学技术带动民用产业与军用企业融合发展是重要的战略思想，通过开展军民协同创新使得军民科学技术基础要素充分融合，将军民融合创新体系建立起来。军工企业要崛起，要在市场中更有竞争力，科学技术创新至关重要，军工企业只有依靠强大的科学技术支撑才能与民用企业充分合作，实现军民全面融合。随着军民融合向纵深方向发展，推动科学技术创新达到富国、强国的目标，"中国梦"将会更快实现。

## 锻造力：成为领域中的承托者

中国自从 2004 年提出"海外利益"以来，就已经启动了海外利益对外方面的事务，中国越来越多的企业也选择了向海外发展。现在，中国的制造业已经走出国门，走到海外的各个角落，分布在 180 多个国家。中国的海外利益范围不断拓展，面对海外补给点需求的日益增多，中国的制造业不断从世界市场需求出发提升自身的技术能力。通过发挥军民融合的作用，让国家在海外的利益有所保证。首艘国产航空母舰下水，意味着中国的军民融合获得了成功，也证明中国整体制造业的结构已经趋于完善，中国的现代工业已经达到尖端水平。

中国第一艘国产航空母舰下水，将使配套产业链建立起来，促进中国制造业的发展，让中国成为制造业强国。中国第一艘国产航空母舰下水，意味着中国在建造航空母舰上有了独立能力，可以独立设计建造，不需要引进国外的技术。对于中国而言，这艘作战型航空母舰下水是具有历史性意义的，同时也证明了中国在科学技术领域中的能力。中国的航空母舰发展正处于起步阶段，与航空母舰技术先进的国家相比，差距还是很大的。中国的航空母舰与美国的“福特”级和“尼米兹”级航空母舰相比，差距还是很大的，与英国的“伊丽莎白女王”级航空母舰相比，中国的航空母舰在技术和设计上明显存在滞后性。“伊丽莎白女王”级航空母舰采用的燃气轮机系统是非常先进的，舰载机是 F−35B，而且采用双舰岛设计，使用全电系统推进，这些都是目前中国航空母舰技术所无法比拟的地方。英国的航空母舰在很多方面采用的技术都是世界领先的。英国的工业基础雄厚，科学技术发展速度快，航空母舰的设计理念在世界上也是遥遥领先的。除此之外，法国的“戴高乐”号航空母舰也是不可小觑的，虽然规模相对小一些，但采用的是核动力，搭载“阵风 −M”舰载机，具有优良的作战技术性能，实战经验也很丰富。

与美国、英国、法国等老牌的航空母舰强国相比较，中国航空母舰建造的设计、工艺、动力系统、配套设备以及武器装备上都是有差距的，特别是舰载机方面的差距比较大。所以，中国的国产航空母舰下水，意味着中国在航空母舰建造领域迈出了历史性的重要一步。

2018 年 5 月 13 日，第二艘国产航空母舰开始海试，5 月 18 日中午首次出海试验任务回到码头，这次海试的成功可以看出国产航空母舰制造业日渐成熟。对于国家而言，航空母舰建造的意义是非常重大的，对敌人的反击可以直接拦截，能够在战斗中为军队争取更多的时间，而且还可以将敌人的封锁冲破。

航空母舰通常是几千吨甚至几万吨重，下水后冲击力是非常猛烈的，即便是非常小的零件出现问题，都会导致巨大的灾难。这艘航空母舰建造的时间不足4年，速度可以说是非常快的，在这么短的时间内建造并试水成功，足以证明中国科技水平进步速度之快，足以让中国人感到骄傲，让世界震惊。

第二艘国产航空母舰的出航让美国再也无法保持沉默了，美国通过媒体发出警告，声称中国的造舰产量惊人，三年之内的下水吨位已经赶超美国。而对美国的警告，我们欣喜之余需要反思，中国的造舰产量真的超过美国了吗？从2012年至2014年，包括10万吨的新锐“福特”级航空母舰在内，美国航空母舰总吨位是世界领先的。从2015年至2017年，中国航空母舰总吨位处于领先地位，而且自主设计建造了航空母舰。从增量上来看，似乎中国的航空母舰数量比较多。但是在建造航空母舰上，中国尚处于“婴儿”状态，美国则不然，美国航空母舰的存量比较多，即便近三年的航空母舰建造数量不及中国，其家当就已经足够了，也不会影响其作战实力，况且战争的胜负并不直接是由一种武器的性能所决定的。

中国的航空母舰发展中遇到各种问题的困扰是不足为怪的。比如，国产航空母舰采用滑跃式的起飞方式造成资源浪费，但需要考虑技术问题，这种起飞方式技术水平低，不需要太多维护，不易损坏。中国的航空母舰发展实现了“零”的突破，这已经是可喜的成果了，中国在航母技术基础上还不是很牢固，就好像刚刚学会站立的婴儿一样，让他跑起来、跳起来是不太可能的。所以，中国的航空母舰发展需要一步一个脚印地走，需要扎扎实实地推进。

中国航空母舰处于不断发展的阶段，但我们必须知道，一些技术仍然处于摸索阶段，在技术上要依赖于外来的高端技术援助是不太可能的，还是要靠自己不断探索发掘。所以，在航母建造上我们还有很长的路要走。

纵观中国的贸易发展，自改革开放后，中国的经济快速走上繁荣之路，特别是进入到 21 世纪，中国迎来了战略机遇期，并拥有了广泛的海外利益。中国与很多国家建立了贸易伙伴关系，尤其是中东地区和非洲地区，已经达成大量投资合作。

中国的经济发展向海洋空间扩展是一种必然的趋势。改革开放就是先从沿海区域开放的，而且重在经济开放，主要是发展海洋资源，促进渔业生产，航路贸易也得以开发，海洋可谓是中国经济发展的动脉。中国作为大国，在与世界其他国家和地区合作的过程中，要将海外利益扩大，对于制造业的海外发展就需要从战略发展的角度思考问题，内陆的制造业就要在这样的有利环境下向海外发展。

以河南省制造业为例，河南省是制造业大省，多年以来产业层次都比较低，缺乏创新能力，所生产的产品中，高附加值产品比较少。河南省制造业的发展之所以出现这种现象主要是由于结构性矛盾仍突出。为了加快制造业发展，在目前经济发展新常态下，就需要制造业提高产品质量，用高质量的产品和高品质的服务提高经济效益。

制造业作为中国的传统工业，要想打造成新兴工业，加快发展速度，成为先进的制造业，就要融入创新元素，这是建设制造业发展的基本条件。以创新为基点，河南省的制造业引入了人工智能技术，实现产品智能化，成套装备智能化，制造业实现了智能化运行，而且还根据产业需要培育新动力，形成技术先进的智能化制造体系。

在经济全球化时代，制造业处于一体化发展中，就要在发展主业的同时，将配套产业带动起来，相互依赖，融合为一体，实现共同发展，这样所生产的产品才更能满足市场需求。制造业要树立开放发展的理念、打造开放的空间，通过对外开放合作，积极实施全球化战略。河南省的中信重工、宇通客车等豫企龙头企业就紧紧抓住了进一步深化改革开放的新契机，启动了“走出去”发展战略，开拓了国际市场。

中国制造业想要提高国际竞争力，顺利实现走出去战略，从国内发展延伸到海外发展，不仅需要提高产品质量，还要提高服务质量。制造业与服务业相互融合、相互依存，使得制造业实现了服务化转型。从市场需求的角度出发确定产品方向，走个性化制造的道路，实现柔性制造。目前，河南省正发挥产业集聚区的载体作用，实施高成长性制造业发展工程，发挥传统产业的支柱作用，培育新兴产业以及优势产业集群。

制造业的发展，只要抓住关键，把握机会，顺势而为，就能够顺利向海外发展，获得海外利益。

## 速度时代，争当行业领先者

十几年来，中国高铁成为带动经济发展的引擎，技术达到世界一流水平，“中国高铁”成为中国在世界上的新名片。中国的高铁在国际上快速发展起来，承接的国际高铁项目数量也越来越多，遍布世界各地，让世界人民享受中国高铁技术，体验“中国实力”。

中国地域辽阔，“四横四纵”铁路干线网覆盖全国各地，无论是黄土高原，还是酷热海岛，即便是崇山峻岭也没有挡住高铁的路线，哈大高铁被誉为“世界首条高寒高铁”，一路运行平稳；兰新高铁被誉为“世界首条高海拔地区高铁”，穿行在西部荒凉戈壁中；京杭高铁，一路风景如画充满魅力；郑西高铁，在湿陷性黄土上修建而成……几年之间，中国高铁克服了各种恶劣条件，创造了一个又一个的奇迹。如今，中国的高铁从中国走向世界，不断地自主创新，从一名“初学者”成为世界高铁的“领头羊”。

中国高铁是中国高铁技术发展的代表，“中国制造”让中国高铁从追赶者变成了领跑者，“复兴号”就是重要的标志。

国家“十二五”战略性新兴产业中，中国标准动车组研制项目被列为示范工程，受到国家的高度重视。“复兴号”中国标准动车组将高速动车组技术标准体系构建起来，整个的动车组不仅建立了完整的体系，构建了合理的结构，而且采用了先进的科学技术，中国的高速动车组实现了全面自主化。我国高铁的核心竞争力增强了，国际话语权也极大地增强，对中国高铁走向世界起到了重要的推进作用。

十九大以来，中国铁路运输力量增强，老百姓对高铁的服务需求也有所增强。“复兴号”这个铁路品牌让中国人过上了更便捷的生活。“复兴号”不仅是中国的骄傲，也是世界高铁先进技术水平的代表。“中国标准”的新时代启动了，“中国梦”在高铁的带动下正在加速。

2017 年 9 月，时速达 350 千米的“复兴号”动车组运营，这是世界上运营速度最快的高铁，将中国高铁带入新时代。“复兴号”动车飞快运行，车厢内实现 WiFi 全覆盖，不仅服务更为优质，而且想乘客之所想，让高铁服务更为人性化，使“中国高铁”成为中国铁路的名牌标志。

“复兴号”动车组的“大手笔”还不止于此，乘客可以自主选座，也可以在互联网上订餐。在此之前，通常乘客购买高铁票的时候，可以根据自己的便利选择窗口购票或者网上购票，但是不可以自主选座，而是售票系统随机分配座位。“复兴号”动车组不同，任何的线路，只要列车是 C、D、G 开头，就可以自主选座，可以满足旅客对座位的不同需求。老百姓在购票的时候，可以使用微信支付购票，也可以到邮政网点购票，还可以使用购票积分兑换车票，这些都是对新时期铁路运输供给结构的优化，以其强大的联动效应满足老百姓的需求，做到供给满足需求。

以前乘坐火车的时候，火车上购买的食物向来是老百姓讨论最多的话题，火车上的食物种类单一，难以满足乘客不同的需求。为了满足乘客多样化的用餐需求，提升旅客对火车用餐的满意度，“复兴号”列车上提供了更加健康且营养丰富的餐食。“互联网订餐”让旅客订餐更为便利，也意味着“复兴号”动车组在运营中适应了互联网环境，采用互联网思维行事。所谓“民众无小事”，“复兴号”动车组对老百姓的每一种需求都能想到，并尽量实现，让他们在火车上感受到温暖，对生活充满幸福感。

现在“复兴号”已经成为高时速的代名词，其运行更安全，运营环境也更好。2017 年 7 月“复兴号”动车组在京沪高铁接受时速 350 千米的实车检验检测、实重检验检测和实速检验检测，对 350 千米／小时运营的安全性做出评估，评估结果符合要求。9 月 21 日，“复兴号”动车组在京沪高铁率先实现 350 千米／小时运营，目前中国的高铁商业运营速度在世界上是最快的。

高铁提速需要列车的各项指标都合格，对于管理也有了更高的要求。“复兴号”从原有时速 300 千米提升到时速 350 千米，能源消耗上就会增加 20% 至 30%。在中国已经建成投入运营的高铁中，超过 30% 是按照时速 350 千米这个标准设计建造的。但是，这并不能说明中国的高铁将全面提速，而是要根据具体情况划分等级，即时速 250 千米、时速 300 千米、时速 350 千米三个等级，其中的最高等级是时速 350 千米。

此后基于时速 350 千米的“复兴号”又研发了时速 250 千

米的“复兴号”，车厢内的噪声降低了，能源消耗量也大幅度降低，还优化了安全监测技术，延长了车辆的使用寿命。列车的系统性能也更为先进，达到世界领先水平。

在中国的国民经济中，制造业是主体，“复兴号”动车组是中国先进制造业中具有代表性的产品，为国家的发展起到了重要的推动作用，也标志着中国从“制造大国”迈进“制造强国”。高铁的创新之路满足了更多元化的出行需求，特别是目前的社会发展环境中，各种经济要素快速流通，各项资源实现整合，人们希望出行从原来的“走得了”提高到“走得好”，让出行发生“质”的转变，这就需要进一步完善外部乘车环境，让老百姓在出行中产生幸福感。

习近平总书记在两院院士大会讲话中强调过：“复兴号高速列车迈出从追赶到领跑的关键一步。”中国高铁不仅代表“中国速度”，更续写着我国高质量发展的新篇章。党的十八大以来，习近平总书记出访的足迹遍及六个大洲，谈得最多的合作项目之一就是高铁。身为“中国故事第一讲解人”，他称赞中国高铁是“走出去”“一带一路”建设方面的“抢手货”。

高铁动车所代表的是中国形象，是展示在世界面前的名片，高铁的发展有待于技术的革新。随着国际竞争力的增强，中国高铁就要继续向高科技方向发展。

马斯克提出的以“真空管道运输”为理论核心的超级高铁，即“胶囊”列车，可以在超高速状态下运行，不仅噪声小，而且能源消耗量比较低，污染小，以时速 1200 千米的速度在管道中高速运行。“超级高铁”看似一个难以实现的计划，却已在2017年5月投产，将于2020年在阿联酋建成。智能出行是未来的趋势，只要中国瞄准这一广阔前景，不断地努力，“超级高铁”的梦想也是可以实现的。以中国目前的高铁速度，预计到2020年，高铁运行里程将超过3万千米。中国的铁路人不畏艰险、埋头苦干，以自己的民族责任感攻克一个又一个难关。具有完全自主知识产权的“复兴号”在京沪高铁正式运营，实现了中国高铁的全新蜕变，为中国动车组的全面自主化运营奠定了良好的基础。“中国高铁”的脱颖而出，促进了中国的经济社会的发展，为“中国梦”的实现起到“助燃剂”的作用。

## 复兴——有底气的“中国制造”

“中国制造”走上世界发展道路，“一带一路”倡议发挥着重要的作用，工程机械领域受益匪浅。“一带一路”倡议提出后，海上工程项目数量增多，而且工程的规模也都比较大。中国通过直接投资建设的方式获得资源或者运营权。中国的企业到海外参与工程建设，所选择的机械设备以国内品牌为主，这样，中国的工程机械企业的各项业务就有机会向海外拓展。中国的工程机械企业不需要与国际巨头竞争就可以轻松地进入国际市场中。当然，中国的企业也是非常争气，高水平的施工技术、优质的施工成果让国外合作方信服，中国的工程机械产品赢得良好的口碑，品牌形象也树立起来，也因此缩短了中国机械产品品牌与国际巨头之间的差距。

工程机械企业在“一带一路”的催化作用下，进入世界市场，在海外不断成长，对于工程机械企业自主品牌的建立起到了一定的促进作用，带动国内需求的复苏。按照“中国制造2025”所提出的，要支持发展一批跨国公司，提高企业境外本土化能力，这样中国工程机械设备就会进入到转折期，在“一带一路”的带动下就会实现更好的发展。

让中国的高铁出海，可以将中国过剩的产能向国外输出，对中国与“一带一路”沿线国家的互联互通非常有利。高铁建设中，对于各种施工材料的需求量是非常大的，包括钢铁材料、水泥材料和沥青材料等等，这些材料都可以使用中国制造的产品。根据有关统计数据显示，沪深高铁的级别是最高的，每千米的钢材使用量大约为4173吨，全国高铁平均每千米使用钢材3500吨。中国走高铁外交道路，就是要让高铁走出国门，走向世界，让高铁延伸到各个国家，形成高铁网，将这些国家连接起来。中国的高铁技术走向海外，为中国的轨道交通行业进入世界市场奠定良好的基础。

中国的产业升级，使更多的制造业迎来了更广阔的发展空间，包括纺织行业、服装产业、塑料机械行业等。借着国际技术转移的东风，各个行业不断地引进世界先进技术，使得行业的技术水平升级，也推动其进入世界市场，包括面板行业、半导体行业都会有非常广阔的成长空间。

面板产品的下游行业是电视、电脑、智能手机。这些产品的市场需求量非常大，面板产品也需要有非常大的产能才能满足市场的需求。在LCD面板需求量中，电视面板占有率超过75%，是占比最高的。面板产品要满足市场需求就要对产品更新换代，以获得更大的发展空间，智能手机对面板也有非常大的需求量，智能手机现已采用OLED面板。随着人工智能的不断升级，市场对显示屏及面板的需求量进一步扩大，也为面板行业的发展提供了新的契机。

液晶行业在发展中有着明显的周期性，带动面板行业形成了“液晶周期”。液晶产业企业竞争的着眼点是较大尺寸面板，要提高产品在市场中的竞争力，就要提高产品的生产能力。新兴面板企业进入市场，由于生产能力不足，就会出现亏损。通过积极引进新技术，投入新生产线，就会渡过艰难阶段而获得市场份额，同时获得利润。

中国电子信息产业迅猛发展起来，面板行业在规模化发展的过程中，基于经验的积累和技术的不断升级而发展起来。

目前世界半导体市场中，中国大陆是具有巨大开发潜力的新兴市场，包括计算机、手机和平板电脑都需要半导体芯片，对半导体集成电路的需求量非常大。据数据显示，中国半导体市场需求量占全球比例持续攀升，2014年已占全球56.6%。而半导体产业在经历了由美国向日本及由美国向韩国两次产业转移之后，也逐渐开始了第三次转移，即向中国大陆转移。中国半导体产业正逐步转向资本密集型产业，而这是产业转移在承接国的通常表现。我国应主动抓住机会，制定正确的策略，发挥自身的比较优势，推动此次产业转移，以促进我国半导体行业的成长。

制造业是劳动密集型产业，人工成本有所提升，劳动力数量减少，必然会威胁到企业的生存。为了消除这方面的威胁，需要企业降低生产成本，提高生产效率，这就对机械设备提出了更高的要求，也给工业机器人带来了巨大的市场发展空间。中国是工业机器人行业的领军者，但主要是中低端机器人，一些关键的技术，诸如减速器、步进电机等依然被国际巨头所控制，在核心零部件技术上仍然需要突破。

苹果公司的 iPhone 手机可以说是非常受中国消费者欢迎的产品了，进入中国后很快就占领了中国的智能手机市场，成为“高大上”的标志。当 iPhone 手机刚进入中国市场时，很多的中国人，特别是年轻人都以手持一部 iPhone 而感到骄傲，此后 iPhone 产品不断升级，稳定了其在中国的市场地位。但是，几年之后，沸腾的“苹果”热终于冷却了，苹果公司不得不面对销售业绩下滑的现象。此时，中国品牌诸如华为、小米等以技术过硬、价格适中等优势提高了市场份额。这就说明，中国品牌不再是廉价、低端的代名词，而是在向高端技术迈进的过程中，树立了良好的品牌形象。

华为现在已被看作是全球化的企业。与中国的很多企业一样，在初期发展阶段华为所生产的手机并不是自主品牌的，而是为客户贴牌生产智能手机，这也是当时中国企业的特色。很多的手机产品明明是在中国生产的，却要贴上欧美品牌的标签，这是一种怪现象，在中国的市场上盛行一时。

现在不同了，中国的企业不再躲在外国品牌的后面，而是充满自信地走到了幕前。电子产品从设计到生产都非常注重技术含量，海信、海尔、美的等都成为国际知名品牌。中国的电子商务企业发展速度也非常快，京东、天猫都已经在国际上树立了良好的品牌形象。长远角度而言，电子商务企业进入海外市场后，由为中国人提供服务转向为世界人服务，智能手机就成了主要的服务载体。

华为的自主品牌智能手机推出后，销售额猛增，目前已经成长为世界第三大手机制造商，仅次于三星和苹果。

华为制造的产品得到认可，“山寨”的帽子也终于被摘掉了。多年以来，中国制造因为顶着“山寨”的帽子，遭受到许多质疑和嘲讽。也许很多人不知道，中国智能工业的起步与国外相比要滞后很多年，且一些国家对中国进行技术封锁，使得中国的智能工业从零起步。先模仿，再创新，在实践中不断地摸索和学习，才逐步走上自主研发、自主生产之路。这个过程是非常艰难的，但技不如人就要低头，谦逊虚心才能不断地自省，让自己更加努力。

几十年过去了，中国的努力付出获得了回报，中国已经成为世界上唯一一个全面覆盖工业 36 个大项的国家，中国制造业在世界上的地位与影响力已不容小觑。此时的中国制造在世界上成为响当当的品牌，这足以让中国人感到自豪。尽管从起步到现在一路走来非常不容易，但一切的付出都是值得的。

世界对中国品牌的认可，也就是对中国制造业的认可，如今中国品牌扬名海内外，不需要躲在外国品牌的背后了，而是自信地走上了国际舞台，并在舞台上更加耀眼。

中国的制造业正在从传统低端技术向高端技术推进，一些制造业，诸如电动车、高铁、清洁能源和IT产品等都已经崛起，产品在世界上处于领先的技术水平。一些投资者已经看准了中国的制造业市场，寻求投资的机会。中国制造业已经跻身世界先进市场行列，实现了产业升级，而且产品出口实现了产能合作。一些中国市场的制造业已经积极引进世界上先进的技术，依赖于产业政策推动行业的发展，将产业的爆发力激发起来。

## 合力制胜：这不是单打独斗的时代

要实现“中国梦”，就必须做好“双拥”工作，军地合力，军民同心。中国共产党始终都重视“双拥”运动，这是党对人民的政治优势，也是长期不变的优良传统。中国要在发展中赶超世界先进的国家，走上胜利的发展道路，就要认识到军政、军民团结的重要性。当军民团结宛如一个人的时候，就能够同心合力，不被击垮。

世界在不断地发生着变化，中国迎来了新的历史发展时期，在重视军队建设和经济建设的同时，更要重视军民团结的重要性，站在了新的历史高度提高凝聚力，应对时代的各种变化。

思想要与时俱进，工作上要改进创新，将爱国拥军发扬光大，让这个优良传统继承下去。随着“双拥”工作水平的提高，军地军民关系就会更为紧密，才能为国家发展提供更好的服务。

“双拥”工作落实到基层，军政军民团结工作才能有效开展起来，强大的爱国拥军力量也能汇聚为强大的正能量。

东莞是广东省“双拥”模范城“八连冠”。东莞市爱国拥军促进会成立以来，军地双方沟通的桥梁就被搭建起来，发挥着为部队官兵排忧解难的作用。这一举动吸引了很多社会人士的关注，一些人踊跃参与到这个爱国拥军的队伍当中，爱国拥军力量也变得强大起来。为了将这种力量继续放大，东莞市爱国拥军促进会自筹经费组成慰问团，对各个部队开展形式多样的慰问活动，特别是慰问团不远万里地到甘肃酒泉慰问某部队的全体指战员，表达了全体会员的深情厚谊，受到了部队官兵的欢迎。

东莞市爱国拥军促进会成立以来，还设立了专项经费，专门用于困难会员、退役军人等的帮扶活动，让自己成为这些需要帮助的人的贴心人，为军烈属解决各种疑难问题。

如果有退伍老兵患有重大疾病住院了或者参战老兵车祸致伤等，东莞市爱国拥军促进会都会使用专项资金进行救助，帮助他们有勇气战胜病魔，对生命充满信心，在退役生活中感受到社会的关怀。

春节期间，东莞市爱国拥军促进会还开展温暖上门慰问活动，让退伍军人们感受到家庭的温暖。东莞市爱国拥军促进会慰问伤残军人，得到了社会的赞赏，这种举动让伤残军人非常感动。

东莞现有的退役军人在东莞市爱国拥军促进会的带动下，形成了充满正能量的群体，也成为东莞的和谐力量。东莞市爱国拥军促进会是沟通政府和退役军人的桥梁，让退役军人发扬军人本色，帮助他们创业、就业，让他们发扬军人的光荣传统，传播正能量，为建设和谐东莞做出贡献。

东莞市爱国拥军促进会每年都会接待东莞籍退役军人，鼓励他们接受职业教育、学习技术，请专家指导他们就业，让他们有适应社会的能力。在鼓励退役军人发扬军人本色的同时，还帮助他们解决各种困难，让他们顺利进入到新的岗位上工作。通过开展座谈会了解老兵们心中所想、生活状况和工作情况，让他们毫无后顾之忧，成为东莞发展的积极力量。

中国目前的国防和军队改革正进一步深化，军民融合发展工作、“双拥”工作是基础性工作。在“双拥”工作的支持下，国防和军队建设才会更为完善。

部队官兵离开部队走入地方之后，由于环境的改变就必然要面临各种困难，做好退役军人安置工作非常重要。为了拓宽退役军人的“后路”，就要在政策上有所倾斜，还要采用特殊的措施，包括党政机关、国有企业单位和事业单位都要优先接收退役军人，为退役军人的就业提供支持。此外，还要对抚恤优待政策体系予以完善，将抚恤退役军人的待遇水平提高。

军人子女教育工作是需要高度重视的，当地的政府、社会以及学校都要给予关心，让军人子女就近入学，获得良好的教育。如果父母调动需要子女转学，有关部门就要予以支持，边远艰苦地区的军人子女还要特殊照顾一些，让他们接受良好的教育，健康快乐成长。

# 第五章 共享经济：大趋势下的互惠互利

共享经济是一种经济形态，让很多的闲置资源得到合理利用，实现有偿分享。事实上，共享经济并不是一个新鲜事物，早在20世纪80年代美国学者马科斯·费尔逊、琼·斯潘思就已经提出了这种经济活动模式，当时被称为“分享消费”。说到消费，我们每个人都是消费者，可是，当资源过剩的时候，自主消费就成了负担，消费饱和后，过剩的资源就无法创造价值了。占用着资源却不能发挥其应有的价值就是浪费。如果将这些资源与需要的人共享，获得一定的补偿，就可以让闲置的资源“动”起来。自己所拥有的资源在满足自身日常需求的同时，也可以在闲置的时候与他人共享，在这种关系上建立的经济活动就是分享消费。在这里，消费者不再只单纯地进行消费，而是实现了消费共享，同时获得一定的经济利润。这种分享消费也说明人的消费观念发生改变，就是人们对物的需求不止于拥有物品，对物品持有所有权，而是让物品满足使用需求，从使用物品的过程中获得满足。共享经济就是建立在这个理念的基础上，在共享平台上，人与人之间建立互信的交流关系，参与闲置资源的使用，让分散的闲置资源满足多样化的经济需求。共享经济从“分享消费”理论高度出发，互联网是重要的支撑工具。宽带传输技术、移动互联网技术、云计算、大数据等，在各个领域普及，让共享经济有了发展的契机，新的产业模式起航了。

## 信任为基，开放“经济所有权”

共享经济的兴起是建立在“互联网 +”环境下的。互联网技术在各个领域中普及，所发挥的不再是简单的工具性作用，而是运行网络平台，利用其共享性对资源进行优化分配、合理利用，创造一定的经济利润。

当互联网经济处于萌芽状态的时候，就已经有专家级人物预言，未来的经济发展趋势将是共享经济。这个人就是卢俊卿，天九共享控股集团董事局主席。卢俊卿曾经说过，在未来的世界上，除了老婆和牙刷，其他的都可以共享。这句话在当时听起来好像是个玩笑，没想到几年之后，共享经济竟然兴起了。

我们都知道，经济关系就是供求关系，说得再明白一点，就是买卖关系。网络技术发展起来了，在各个领域都起到了引领变革的作用。这种技术的驱动性不仅对经济起到推动作用，而且改变了经济结构和经济发展方向。共享经济就是网络技术推动下的一种经济模式，未来经济的发展也将朝着共享经济的方向发展。

经济是在竞争中求发展的，共享中怎么会有竞争？共享怎么能获得利润？传统经济中以竞争换取利润的思维定式被打破了，经济规模扩大了，竞争力也增强了。在共享中实现竞争，经济模式会不断完善，各种资源不仅得以充分利用，而且配置上也会不断优化。这些都是在市场环境中形成的，市场以消费者的需求为导向运行，共享经济也必然是符合市场需求的。

共享经济淡化了产品所有权的重要性，而是更为注重使用权。即便不购买，靠租赁也能享受到资源。当然，这些是建立在联盟竞争的基础上的，单打独斗已经不足以在这个时代中发挥其竞争效应，这时候就需要抱团“作战”，有共享才能合理利用资源，共同创造利润，最终获得共赢。当然，共享的一个重要前提是有资源，实质是将闲置的资源通过共享合理利用，发挥其价值。

商业角度而言，利润与成本是反向相关的，成本越低，利润就会越高。掌握着资源却不能利用，就不会创造价值。共享资源的目的就是将成本降低，让闲置的资源通过共享创造价值，获取一定的利润。从共同创造到实现共赢，共享是一种思维模式，也是经济平台。

共享经济在出现之后不温不火地运行了几年，近几年突然呈爆发式增长，这与技术进步密切相关。共享经济的运行需要一个服务平台，这个平台本身就是一个技术融合体，每天要处理海量的信息，如果技术水平不足以支撑服务需求，共享经济就很难快速运行。

共享经济的后台操作是在互联网构建的虚拟空间中运行的。人们习惯于在网络上沟通，因为这种沟通可以互动，而且具有很强的时效性。但是，互联网毕竟是虚拟的，充满着不确定因素。人们习惯于使用互联网是因为网络的便利，但便利也是要付出代价的。共享经济要发展起来，除了便捷之外，互信非常重要。建立在互信的基础上才能让经济正常运转，共享经济尤其如此。网络技术的支撑，智能手机的日渐普及，这些都为共享经济创造了有利的共享条件。人们在熟悉网络、接受网络的同时，也会利用网络平台解决衣、食、住、行等各种问题。推动共享经济快速发展当然不局限于这些，而是在网络上消费的同时，体会到这种服务是具有安全可靠性的。只有相互尊重、相互信任才能让相互之间的关系更为紧密。经济离不开人与人之间的互动，在互动关系的基础上建立信任关系，就会让更多的用户对网络交易不再充满疑虑，对企业持有尊重的态度，企业也为用户提供高质量的服务体验。可见，共享经济对信任的依赖性是很强的。比如在网上购物、订餐、进行理财操作等等，如果没有相互尊重和信任就很难持续下去。现在大家出门已经习惯用叫车软件打个快车、专车，这个服务让人们出行更为便捷。人们敢于乘坐非出租车，就是对这种服务持有信任的态度，车主在服务平台的调配下接送乘客，而且让乘客下车后再支付车费。这种服务如果没有信任的支撑就很难维持下去，更不用说快速发展了。在这种服务中，供给方提供的是资产服务，包括车辆、房屋等等，需求方通过支付一些报酬就可以享受到这些服务，各取所需，达到了资源共享的目的，而且资产供给方也获得了一定的利润。

共享经济良性运行，离不开尊重和信任，用户对共享经济要持有信任的态度，平台方要将公信力建立起来，在充分考虑用户需求的同时，还要通过管理保证共享平台的规范运行。共享经济首先是建立在技术的基础上的，但是技术总会有漏洞，一旦出现漏洞又没有及时填补，就会对共享经济造成不良影响。

现在，市场上有多家公司提供共享单车的服务，即可以将自动解锁的自行车放在马路边，路人如果有需要就可以扫码开锁骑行，条件是使用完毕后要把单车放到指定位置。这样一场初衷美好的服务实际运行情况却很令人失望。北京和上海都投入了几万辆崭新的共享单车，这些单车很多都没有按照规定停放，还出现了不同程度的损害。一些单车被上了私锁，一些单车的脚蹬板、车座等被换了，还有很多单车已经丢失。

共享经济遭遇了诚信问题，如果没有了诚信，共享经济还能进行下去吗？答案是很难。还会有这种奇怪的现象，用户在APP上发现自己的附近有闲置的单车可以用，可是没有找到单车的踪影，这种事情并不少见。虽然共享单车市场的管理人员都会提醒用户在使用单车的时候不要在封闭的空间中停放，可是，还是有用户将单车停放在小区、停车场等封闭地方，甚至有些用户还会将单车放在自己家中，占为己有，这已经不足为奇了。

更令人无奈的是，之前某些品牌的共享单车所使用的机械锁安全级别比较低，当投入使用后，一些人竟然摸索出“密码攻略”，免费骑车。这些问题的出现意味着企业在投入单车的同时，还要投入人力维护，才能让单车在使用中减少损失。

共享经济已经成为我们生活中的一部分，从自行车共享到房屋的短期租赁，共享经济已经逐步覆盖了我们生活的各个层面。当共享经济运行中已经出现了诚信缺失，提供资源的企业和分享资源的用户都不再有“安全感”，这种经济模式的发展就令人担忧了。

上述的案例也许是个案，但是随着共享经济规模的扩大，覆盖范围越来越广，不确定的因素就越来越多。为了摆脱分享过程中产品遭到破坏的困境，一些企业引入了民间征信平台，希望通过第三方征信公司的介入，对个人支付等经济行为做出评估，进而对个人的信用做出判断。

比如，摩拜单车就尝试构建了自身信用体系，将其纳入前海征信建立的个人征信体系中。前海征信已经与1000多家的金融机构合作，如果用户在使用摩拜单车的时候恶意滥用，很有可能在金融场景里被惩戒。民间征信体系对共享经济起到了保障作用，但是依然存在力度不够的问题，这就需要对征信体系不断进行完善，让共享经济建立在信任的基础上安全运行。

比如，叫车软件给人们的出行带来了便利，为了更好地服务乘客，对司机的指派模式采用补贴规则变换的方式，引导司机高频率使用，司机抢单的现象以及挑选乘客的现象就可以有效避免。启动激励模式也是一个比较好的办法，司机遵照指派模式，为乘客提供优质服务，就可以获得一定的奖励。这么做的主要目的就是提高资源供给方和需求方的信任度。平台方在运营中不仅要具备较强的技术实力，还要采用科学合理的方式。

“互联网 +”让共享经济的模式进入每个行业中，让这些行业的经济模式焕然一新，一个全新的商业时代将精彩呈现。

## 分享经济：从消费者成长为消费商

分享经济就是利用互联网等信息技术将各种闲置的资源整合、分享，满足更多人的多样化需求。分享经济与普通的经济模式有所不同，是将“闲置”去掉，实现使用权分享，各种优质资源也能够根据供需情况高效匹配，创造更高的价值。

简单来说，就是消费者买了东西之后，感觉不错，就将东西分享给别人。别人根据东西的使用价值给提供者以奖励，这就是分享经济。

消费者就是购买服务的人，无论是购买商品，还是享受服务，都需要通过消费获得。任何的领域中，有人消费才能够有利润，所以，经济竞争是围绕着消费者展开的，争取的消费者越多，获得的利润也就越高。分享经济是信息时代的产物，体现的是信息的共享性。这也可以说明，信息的共享性起到引领时代的作用。信息技术不仅对社会的发展进程起到了推动作用，而且让商业结构发生了改变，分享经济就是一个典型的范例。

回望经济发展的过程，经济竞争从卖家竞争转向买家竞争之后，也从简单的服务竞争转向了体验竞争，消费者真正意义地晋升为“上帝”。

当商品供应不足的时候，消费者基本上没有选择商品的权利，供应商卖什么，消费者就得买什么，几乎不存在竞争。即便有竞争存在，也是消费者之间的竞争，消费者想尽各种办法买自己所需要的商品，特别是市场短缺的商品，更是需要疏通各种渠道购买。当商品琳琅满目、品种繁多的时候，消费者有了选择的余地，具备经济能力的人就可以购买自己所喜欢的商品，此时的经济竞争就围绕着消费者展开，商家都会积极地争取消费者，采用各种方式吸引消费者的注意力，品牌也就应运而生。

信息时代，经济模式可就不是商家卖、消费者买这么简单了。互联网的一个重要特点就是互动性，信息的流通不会被空间限制，也不会被时间限制，不仅传输的速度快，而且可以双向交流。消费者购买商品或者接受服务的时候如果有个性化的需求，那么只有需求得到满足，消费才有价值。互联网为消费者创造了信息交换的平台，在平台上可以与商家建立沟通，提出自己的需求，通过信息交换了解商品，这是在虚拟的空间中信息互换，促进相互之间的了解，消费者接受商家的服务，商家也会对消费者的个性需求充分了解。在众多的消费者中，有的消费者是很有眼光的，能够紧紧抓住时代的脉搏，而且思维具有前瞻性。于是，这样的消费者将更多的消费者组织起来，将消费者所拥有的财富通过分享的方式重新分配，让财富创造价值。从互联网的信息共享转化到消费者的财富共享，不仅消费者获得了利润，组织者付出了劳动，也会获得收益。原本是消费者，因为有能力将更多的消费者组织起来进行商业行为，消费者的性质就发生了改变，成了商人，也就是“消费商”。

互联网为消费者创造了商业活动的平台，事实上消费商的模式在我们的生活中是很常见的，很有可能我们自己就已经是消费商却不自知。比如，你买了一套家具，美观实用而且价格低廉，朋友到你家也看中了这套家具。你就会带着朋友去家具店购买，其实你在无形中就引导了消费。很有可能店家对你的行为不会给予金钱上的补偿，但是可以相信一点，如果你再次去这家店购买商品的时候，店家会提供优惠，商业行为就这样形成了。

消费商让消费者从分散走向联盟，商业的竞争也由消费者来完成，消费者之间就会形成经济利益关系。

马化腾在一次互联网大会上提出了这样的思想：当你的用户群足够大时，你的业务模式不再是问题。可见消费者群体非常重要，群体的规模越大，效益也会越高。不仅产品信息在这个群体中流动，而且还会扩大产品的声势，发挥广告宣传效应，一旦产品得到消费者的关注并被接受，赚到钱是必然的。

消费商虽然是一个商业主体，却没有商业风险，因为没有员工，所以也涉及不到管理的问题。只要抓住机会传播信息，不需要对具体的经营负责，就可以成为财富自由的经营者。

“花本来就该花的钱，赚本来赚不到的钱”，这是消费商的优势。消费商让消费者享受到更好的购物体验，也会吸引更多的消费者加入到这个生态圈中，形成了全新的利润分配模式。

大多数消费商的运营模式是以“消费优惠—利润分享—二度人脉返利”形式拴住用户：消费者买单有优惠，不仅有优惠，买单后还有一定的返利。如果你邀请人加入的话，还可以享受人脉返利（仅局限于关系链上两层）。

从整个模式上来看，它不仅让用户在消费时获得折扣，还能因为分享平台、商铺赚钱，而且从概念上来看分享多少，收益也就有多少。

消费商模式，之所以能吸引人，是因为它解决了当下本地化电子商务中存在的一些弊端。

对用户而言：

1. 不再局限于某个套餐：商铺内的商品，都有优惠和返利。

2. 不再有用团购的尬尴和区别对待：和会员卡一样，用户直接付款给商家，有利于提高商户积极性，从某种程度上减少了区别对待的可能性。

对商家而言：

1. 与移动互联网接轨：消费商模式帮商家在手机端免费建立商铺，不仅让传统商户能够与移动互联网接轨，还能够主动做些什么事情，而不是被动地挂在团购网上。

2. 从帮助商家营销，到让商家能营销、会营销：团购模式只是连接了线上的用户和线下的商家，它虽然一定程度上解决了信息、连接不对称的问题，但它并没有彻底解决连接问题，只是帮商家营销。消费商模式下，商家所使用的后台，能够进行大数据精准推送，能够精准网抓客户，不断帮商家增加客流，提高品牌知名度。

3. 有利于构建用户黏性：团购时代，用户消费完之后，商家没有任何用户信息，无法进行二次营销。而在消费商模式下，会保留所有用户信息，用会员价引导二次消费。其次，在这些会员中推送内容，关联性强，营销成功率高不说，也帮商家省去了传单等传统方式的营销费用。

4. 把线下的会员卡搬到线上，解放消费者：现在的会员卡太多，各种卡带着不方便不说，遇到一些新商家还得继续办卡，这样的用户体验实在很不好。而当线下的中小商家都能够与移动互联网接轨，只要关注这家店你就是会员，在这家店里消费的其他所有产品都有很大的折扣，那么也就把消费者从会员卡上解放了出来。

5. 不再竭泽而渔，让商家处于良性发展：团购模式下，以销售为导向，为了吸引用户不得不大打折扣，这从某种程度上影响到了利润，甚至保本、亏本销售。团购时间一长，商家不得不通过降低服务质量、以次充好等方式维护自己的利润。而在消费商模式下，商家可以随时随地调整优惠，保护好自己的利润。是的，只有不再竭泽而渔，保护好自己的利益，才能给消费者提供优质的服务。

6. 用户有一定的忠诚度：团购的弊端解决了，忠诚度自然也就有了。

就此来看，消费商模式很有潜力，能够成为本地化生活服务的新引导模式。

## 信息透明，人人都是分享者

关于共享经济，人们最多的体验就是叫车软件和共享单车。共享经济作为一种经济模式当然不会局限于此，它是资源的部分使用权在消费者之间共享，让经济配置得到优化。消费者之间的资源共享由于扩张速度有限，所以是由企业提供产品资源，由风险投资提供资本，从而更好地扩大共享经济的规模，使得网络效应发挥作用，得到更好的发展。

“共享”不是新鲜的话题，无非是没有从概念上明确界定。网络技术应用于各个领域中，为共享经济提供了便利，经济结构因此发生了变化，加之网络技术的渗透，人们对消费有了新的认知。

信息透明化时代，人们的个性化需求越来越多，品牌塑造也就应运而生，贯穿于共享经济中。

网络将陌生的人建立联系，让闲置的物品在共享中获利，做到物尽其用，资源的潜在价值被挖掘出来。人人都可以参与到共享经济中，品牌的塑造也更为重要。一些低劣的产品在这种竞争中淘汰，优质的产品保留下来，优质产品的品牌也会树立起来。

现在，共享经济覆盖到各个领域，从餐饮、出行，到医疗教育、娱乐等等。让我们看现在的共享经济在各个领域发展如何。共享经济中，最火热的莫过于交通出行，在发展最快的时期，市场上曾经有数十家叫车平台为全国各地的用户提供服务。比如滴滴、快的、Uber、一号专车……提供的服务类型也多种多样，除了最基础的出租车叫车服务，还有快车、专车、顺风车、拼车等。

再比如二手车网络交易平台，相信大家都不陌生，这也是共享经济的一个分支，现在中国人的经济水平提高了，很多人都已经买车。当一些人不喜欢自己正在使用的车，要将车卖掉，另一些想买车的人希望买到便宜一点的二手车，这时候买车和卖车的人就需要一个交易平台，二手车网络交易平台就发挥了作用。

二手车交易平台坚持线上线下同步运行，非常稳定。客户在线上咨询，交易则是在线下完成的，这种模式已经成了一条完整的服务链。即便如此，平台依然不断地完善服务链，根据数据信息对市场的需求准确定位。正是由于二手车交易平台独特的运营模式和高质量的管理，使得这个行业形成了可持续系统、生态系统，所有的各种都是围绕着用户需求展开。

除了交通出行领域，共享经济的热潮也给房屋短租行业带来了新的热度。许多房屋业主将自有产权房屋放在网络平台上，向商旅人士短时出租。传统的房屋租赁模式被打破了，而且所有参与到短租平台的产品都可以自主打造房东品牌，包括出租房屋所在区域、房屋的装饰装修风格以及房屋的价位等等，还可以将房东的职业、兴趣、性格等作为共享点，提高对消费者的吸引力。

在共享经济的发展过程中，不仅出现了产品的分享，也催生了技能分享。现在是人才流动的时代，技术能力显得尤为重要。具备一定专业技术能力的人可以将闲暇的时间利用起来，为遇到困难的人提出解决方案。如果被采纳了，就可以获得一定的酬金，一方面帮助别人解决了问题，另一方面自己也获得了收入。

目前这一类的服务平台，已经逐步呈规模化发展的趋势。共享经济让资源的价值得以释放，还可以释放出行业要素，构建新的运行模式，让知识和技术不再是各自独立运行的，而是相互依存，形成新的经济动能，一种新的生活方式被打造出来。新动能要发挥作用，需要人才的推动，所以，经济新动能要蓬勃发展起来，与人力资源密切相关。技能分享类平台就作为服务商，实现了人才共享，解决更多人的就业问题。

现在人的时间观念很强，忙碌的工作让很多人无暇料理家务，这就给家政服务业提供了发展空间。一些家政服务平台也就应运而生，一些平台在开展家政服务的同时，也推出家政经纪平台，有需要家政服务的用户可以在线预订、支付，还可以对家政服务进行点评。如果用户需要衣物干洗、大扫除、鞋具洗护、日常保洁，都可以运行手机软件在平台上预约。家政平台为用户找家政阿姨，做到一对一匹配，积累了用户基数。

还有一类与家政服务有关的平台瞄准了上班族的厨房。与家政服务平台有所不同，这个平台的主要服务项目是饮食。现在的上班族很辛苦，每天吃着外卖、快餐。有着一身好厨艺的阿姨们就可以大显身手，将做饭的绝活儿都使出来，自己家的厨房变成了餐馆的后厨，为上班族提供美味可口的饭菜。有些阿姨利用闲暇的时间竟然在一个月内赚进 10000 多元，有时候甚至会超过 20000 元，真是太不可思议了！为了让服务更为完善，这类平台往往与物流配送合作，既保证了饭菜的健康美味，又保障了配送及时，不影响用户的用餐体验，满足用户的个性化需求。

对于每个家庭而言，孩子的教育都是备受重视的，可是对于很多家长而言，孩子的学习也是令人头疼的事情。因此，市场上出现了一些帮助家长们解决这方面的问题、为学生提供课外辅导的网络平台。“家教”“私塾”将不是一个新鲜的职业了，如今，家教、私塾当然不会用传统的方法为学生授课，而是应用互联网为教师和学生之间建立关联，使学生接受教师的远程教育。也就是说，教师在千里之外的网络另一端将教学信息传递给学生，当然，教师如果距离学生不远，也可以上门教学，对学生进行面对面授课。许多名校教师都入驻平台，为学生解决疑难问题，指点学习方法。这种在线教学的方法已经不是新鲜事了，很多的学校也采用了微课教学模式，对学生进行翻转教学法。翻转教学就是教师将教学的内容录制为短视频，在没有授课之前就将短视频通过网络传递给学生。学生通过观看短视频预习，将不懂的知识记录下来。教学课堂上，学生再将自己不懂的问题告诉教师，教师就针对问题展开教学。所以，学生对于在线教学并不会陌生。

但是远程教学与翻转教学不同之处在于，教师是用直播的方式，可以与学生之间随时交流。另一方面，平台在线上了解家长的需求后，就可以帮助家长找到优秀的老师，为孩子提供高品质的课外辅导服务。教师的人生价值得以实现了，学生的学习问题也得到了解决。家教平台为家长提供了帮助，为学生介绍优秀的教师，学生可以在网上接受教师的远程辅导，教师可以利用闲暇时间发挥自己的价值，赚一些钱。同时，许多平台建立双向评分机制，家长对老师更有信心，更乐意让自己的孩子接受在线教育。

除了专门针对学生的教育辅导平台之外，市场上也出现了一些面向更广大学习人群的培训类服务平台。比如，果壳网推出的“在行”旨在为用户提供灵活的培训服务。在这个平台上用户可以约见各个领域的专业人士，他们在一对一约谈中获取经验，接受一些建议，可以在工作、学习中少走一些弯路。用户在这个平台上能够获取“泛知识”，虽然是一对一传递知识的，但是并不是标准化进行的。因为在交谈的过程中，学习的人还会有很多学习之外的其他问题，这些问题更为个性化。比如，怎么学习才能提高效率？学习某个专业知识会有哪些出路？是不是需要在技术操作方面进修？专业人士在回答这些问题的时候，也不需要标准化，可以根据用户的需求回答，让用户满意。“在行”是以线下交流为主，专业人士与用户一对一谈话。这种交流模式可以让用户放手，谈话的内容与用户的需求有更高的匹配度。

通常而言，培育师都是依附于某个专业机构，或者自己成立工作室，用业余的时间从事培训活动。而“在行”这类培训服务在共享经济的背景下运行，各个专业领域的专家都可以在平台上注册，这些专家都是自由的，并不受任何一个培训机构的支配。不仅约见的形式、内容很灵活，约见的效果更是非常显著，往往能起到个性化答疑解惑的作用，帮助用户解决实际问题，广受用户的好评。

共享经济兴起是时代的产物，是信息技术进步的结果。网络技术快速发展，“互联网 +”模式的运行让市场中的供应和需求达到平衡，资源实现共享，这其中，足够的用户数量是重要的支撑。参与的用户数量足够，资源也充足，用户就会有更多的选择机会，让用户的个性化需求得到满足。如果资源稀缺，用户的数量比较多，就难以共享，所消耗的成本就会过多。

共享知识原本是专业人士参与的，现在发展为所有人都可以参与其中，大众的参与度增加了，社交性提升了，社会认知度也提高了。

共享经济看似有中介的性质，事实并非如此。它的出现，打破了劳动者对商业组织的依附，使他们可以直接向最终用户提供服务和产品，带有显著的去中心化的特性。想要共享经济保持蓬勃的发展态势，扩大市场规模、夯实市场信用基础、发挥品牌效应才是当务之急。

## 创新需求：区块化技术下的新共享

摩拜被美团全资收购，ofo将要被收购的消息不胫而走。在共享单车领域中，ofo占有很大的份额，但要进一步发展创新，似乎难度很大。很多人都认为，如果ofo选择滴滴，或许发展会更好一些，更好地将自己的品牌价值释放出来。但是ofo创始人兼CEO戴威有自己的想法，决定让ofo独立发展，拒绝了滴滴的“好意”。戴威号召公司所有的员工都要“战斗到底”。这一举动让ofo成了共享单车行业中的一股清流。在中国倡导绿色发展的时代环境下，共享单车成了时代的标志。共享单车在各个城市的街道上已经成了靓丽的风景，给行人带来了便利。

共享单车是共享经济时代被人们看好的行业，仅仅几年的时间就创造了佳绩。可是，就在人们看好共享单车的时候，一些公司即将被收购的信息在大街小巷传播，人们才知道，这个看似风光的行业也有自身的惨淡。此时的ofo在艰难的环境下并没有退缩，而是努力寻求新的发展途径。为了降低成本，ofo压缩开支，将自行车的采购和投放量减少，并推出了广告业务，包括APP开屏广告、车身商业化广告等等。这些尝试都是为了做到开源节流，但是，要将资金困境彻底解决，这并不是长远的战略方法，只能解决燃眉之急。

一个企业要能够在市场竞争中更好地发展，必然要有属于自己的盈利渠道，这是企业独立运行的资本。ofo 似乎找到了解决问题的方法，就是引入区块链技术。2018 年 5 月，ofo 成立区块链研究院，致力于研究多方主体环境下共享单车的运营问题。

区块链技术的应用，将大数据、物联网的作用充分发挥出来，将政府、企业和用户建立起更强的关联性，促进相互之间的合作，能更好地解决共享单车运营中所遭遇的投放问题、调度问题、停放问题以及技术维修问题等等。让共享单车能够真正地缓解城市交通压力，真正地践行绿色出行。

事实上，此前 ofo 就已经对区块链进行积极探索，希望在投放单车的过程中，及时解决随之而来的各种问题，对于 ofo 而言，这也是维持独立运营的一个机会。要想在产业发展中实现创新，就要不断完善服务模式，从用户的角度出发调整和健全服务机制。

ofo 在市场运营中，与用户之间的信任问题是重点，而区块链技术不可篡改的特点正好解决了双方信任机制的问题，在提升 ofo 的吸引力的同时，也可以促使用户按照规范使用单车。区块链技术最大的用途就是让不同国家用户的货币转换问题得以解决，用户使用单车的结算效率得到提高，对 ofo 的国际化发展非常有帮助。区块链格局被建立起来，新的利益格局也被塑造出来。共享单车的运营存在问题，本质在于诚信缺乏。使用区块链技术，改变了信任靠第三者解决的方式，从而降低了交易成本。

区块链技术的使用是非常灵活的，可以根据需要进行设计。基于互联网可以在不信任的节点之间将信任机制建立起来，互联网所发挥的作用是传递有价值的信息。

从技术的角度而言，区块链所使用的是非对称密钥对交易信息进行签名。在对交易信息验证中进行区块的组装，使得区块链结构得以形成。交易信息签名中使用私有密钥，要用配对的公共密钥完成，这两个链条上的所有人收到交易信息后，才能参与信息的验证，这样可以避免记假账的问题。当完成交易后，区块就可以按照预定的规则生成，这个区块是一个数据块，所有的交易明细都记录在其中。

关于区块组装，任何人都可以参与，但是只有一条区块链是合法的，交易也只能记录一次。为了保证记账准确，就要运行区块链系统中的公识机制，即实现在不同的节点之间建立信任获取权益的数学算法。所生成的区块需要经过验证，当有很多的人对区块进行验证之后，这个区块就是合法的，可以纳入到区块链中。新的区块信息会在网络上传播，就会有很多人与这个区块同步，而且与区块链保持一致。

简单一点说，区块链就是一个可以共享的公共总账，能够提高信任度。任何人都可以对用户进行核查，且不会被某个用户所控制。所有参与到区块链系统中的用户都维持着总账的更新，既按照规范进行修改，也可以按照所达成的共识进行修改。

共享经济环境中，由于不信任因素的存在导致各种问题产生，采用区块链技术可以促进互相协作。区块链作为创造信任的机器，打造了真正的共享经济。

## 有约束，才有更广博的领地

“共享经济”已经成为具有时代意义的词汇。按照常规的思维，经济运行必然伴随着竞争，将经济与共享建立关联性是不可思议的。近年来随着对共享经济有了更为深入的理解，人们逐渐地接受了这种经济形式，也认识到发展共享经济的必要性。

共享经济的兴起与科学技术的进步密切相关，网络技术发挥着载体作用，在各个经济领域与其他要素不断融合，形成新的经济模式。

“互联网 +”在共享经济发展中催生了新动能，市场被激活，呈现出多种发展态势，共享经济的覆盖面也越来越广，除了衣、食、住、行之外，包括医疗领域、教育领域等都在共享的方向上发展，整个社会经济的结构也发生了变化。

“互联网 +”不仅催生了新动能，更提供了共享经济发展的基础，为各个行业的创新提供了巨大的舞台，让创新转变为有价值的服务，带动人们的生活发生新的变化。无论是专业人士，还是企业家，都可以在共享经济平台上发挥自己的潜能，将其独特的价值体现出来。

李克强总理表示，共享经济不仅仅是在做加法，更是在做乘法，以此有效降低创业创新门槛，实现闲置资源充分利用，形成新的经济增长点，为经济发展注入强劲动力。

共享经济离不开大数据技术，消费者对资源的应用免不了要公开部分信息。消费者的信息关乎到个人的隐私，在经济环境中运营也关乎到个人的利益，同时对共享经济平台的公信力也就有一定的影响。当信息实现共享之后，有关的数据就可以无限放大。如何让这些数据有效应用且不会损害消费者的利益成为需要解决的问题。

共享经济与“互联网 +”相辅相成，可是落实到实践活动中就会存在各种不确定因素，导致共享经济运行受到阻碍。这就需要一方面有所包容，给其发展的空间，另一方面完善相关制度法规，做到趋利避害。对于“互联网 +”在应用中出现的一些问题要及时解决，绝对不允许让“互联网 +”成为坑蒙拐骗的工具，让“互联网 +”的声誉受损。所以，共享经济与“互联网 +”在应用中，要多方面考虑，做好预防工作，将隐患一个一个地消灭在萌芽中，对这个新动能要利用好，也要呵护好。

让我们看看有关共享经济的热词，共享单车、滴滴快车、共享雨伞、共享充电宝等等，各种关乎人们日常生活的共享模式应时而生。共享经济覆盖范围还在不断扩大，可毕竟还处于发展的初期阶段，不可避免地存在一些弊端。为了规范共享经济市场，一些共享经济模式被叫停了，比如共享睡眠舱就已经被叫停。共享经济之所以能发展起来，是因为这种经济模式符合时代环境，与人们的消费理念相匹配，让人们的生活更为便利。但是，如果没有处理好发展中存在的一系列问题，就会影响正常的社会秩序。

在人们的物质生活充分满足的时候，就会有闲置资源，搁置必然会造成资源浪费，将这部分资源的使用权有偿让渡给需要的人，不仅能有效缓解资源浪费问题，而且资源的所有者、运营者和使用者都可以从共享资源中获得一定的收益。但是，共享经济运行中，维护很重要，公民社会公德的培养也必不可少。否则，共享经济要发展却没有规范的约束，没有道德底线，也很难良性发展起来。

比如，共享单车使用者乱停乱放是有目共睹的现象，一些共享单车还被个人占有。这些都说明一些人在享用单车的时候，持有只顾个人私利的狭隘意识。

再比如，某平台司机打人事件一度成为热搜的话题。某叫车软件是一个服务平台，强调用户的重要性。多数接受服务的人都会持有一个观念，就是“顾客至上”，认为自己花钱了，就应该享受高质量的服务。这种观念渗透到消费者的意识深处，很难让乘客与司机之间享有平等的权利。然而司机把乘客打了，就是错了。但是打人必然是有原因的，被打的乘客对待这件事情也很坦诚，表示自己在事发前对待司机的态度不好，言辞过于激烈。这件事上双方都是有责任的，不管怎样，暴力就是突破了道德的底线，人的基本权利被侵犯，侵犯者就应该承担责任。其实该平台司机与乘客发生冲突的事件时有发生，诸如司机对女性乘客骚扰、司机杀害空姐等等。类似这些事件的出现，就意味着平台在管理上存在缺陷，平台针对司机与乘客之间的纠纷没有出台一个完善的处理机制。

对于司机打人事件，司机是一定要承担责任的，但是，平台如何处理这件事情才是备受关注的。当司机打人事件发生后，平台立即出面道歉，处理措施是将司机的接单暂停，让司机立即到派出所接受调查，向被打伤的乘客赔礼道歉，还垫付相关的医药费，似乎这件事情就了结了。可是平台对打人的司机做出了处罚的同时，是否也应该有所承诺，保证乘客的人身安全？是否需要承担部分责任，不至于道歉过后，又出现乘客与司机的矛盾纠纷？是否需要对管理机制进行完善，更为强调个体尊重？这就涉及共享经济平台的责任边界问题。

电子商务的普及，使有关互联网平台在承担责任的问题上会按照一些惯例执行。比如，互联网上出现著作权侵权的时候，平台是不需要承担责任的，只要告知用户已经侵权了，之后将侵权的内容删除即可。在网络零售中，如果出现商家售卖假冒伪劣产品的事情，平台可以协助处理，追究商家的责任，但是平台是不需要承担责任的。叫车软件作为服务交易平台，提供服务的是个人，并不是接入电商平台的公司实体，但是平台需要对司机的服务质量做出保证。很多的消费者在享受服务的时候是因为自己对平台持有信任的态度才会在这个平台上购买服务，也希望平台能够对服务予以监督，保证服务质量。可是，服务交易平台并不是这么考虑问题的，它们认为服务平台就是一个为服务提供者和消费者对接的平台，平台与服务提供者之间所建立的是联盟关系。如果服务提供者的服务有问题，平台所承担的是管理责任，正如上文中平台对司机打人事件的处理，要求司机向被打乘客赔礼道歉、垫付医疗费用，平台自身起到的只有协助作用而已。可见，互联网平台将自己的责任定位于对消费者的服务契约上，如果发生事故了，平台承担管理责任，这样做并没有违背契约。

如果从商业的角度而言，互联网平台本身就是服务提供者，为消费者提供专业的服务，对消费者的个性化需求也要尽量满足，应更多地从消费者的需求出发对平台进行完善，制定相应的管理规范，让平台拥有一个良好的商业生态环境。只有这样才能提高平台的信誉度，吸引更多的服务提供者进入这个平台，更多的消费者也会对平台持有信任的态度，愿意接受平台提供的服务。

如果是线下经营，商家与服务的提供者之间是雇主与雇员的关系，商家为了避免不良后果发生，往往从维护好自己的员工出发，对行为不当的顾客采用规避的策略。但是，互联网平台不同，从平台处理司机打人事件的方式就能看得出来，司机与平台之间是联盟的关系，不是雇佣关系，只要个体符合平台的条件就可以接入。虽然打人的司机希望得到平台的支持，但是并没有得到平台的“撑腰”。这就可以说明，平台与服务提供者之间的这种联盟并没有建立相对合理的平衡点。

建立信用体系是共享经济长远发展的必要保障。让服务提供者和消费者的安全置于法治环境下，用制度、法律法规等对共享经济发挥约束作用，可以促进共享经济健康发展。人们在分享共享经济红利的时候，所有的人不仅能共享资源，而且也会有所受益。

# 第六章 更新纪：四十年，不惑而心定

1978 年党的十一届三中全会对于中国而言是具有划时代意义的。封闭的中国大门从此之后打开了，中国的改革开放围绕着经济建设这个中心展开，中国特色社会主义道路进入探索阶段。40 年的发展，使中国人民的生活实现了从贫穷到温饱，再到整体小康的跨越式改变。民生改善了，市场的供求关系也发生了变化，从原有供不应求的卖方市场转变为供大于求的买方市场，市场在资源配置中发挥着基础性的作用，经济结构也发生了深刻的改变。40 年来，中国的教育事业发展步伐加快，人们的主人翁意识不断增强，社会整体文明程度明显提升，而且已经融入世界的主流文明当中。

改革开放走过 40 年，中国从现代化的落伍者转变为现代化的实践者，从欠发达国家成为充满生机和活力的新兴经济体。曾经作为世界跟跑者的中国“觉醒”了，在改革开放的促动下跻身世界的强国之列。40 年，岁月如歌，改革开放将中国特色社会主义带入一个崭新的时代。

改革开放进入“不惑之年”，新的社会经济格局形成，所面临的问题依然很多。时间已经证明中国的改革开放是正确的，也是成功的。将来还会证明，在进一步深化改革开放的进程中，中华民族伟大复兴必将成为现实。站在新的历史发展方位，我们必须坚定不移地推进改革开放，才能实现更高质量、更加平衡、更为持续的发展。

## 交通巨变，领航民生路

改革开放 40 年，中国人的出行方式发生了巨大的变化。从步行到使用自行车代步；从行车速度只有时速几十千米且没有空调设备的老式绿皮车，到时速超过 300 千米的高铁。这些变化都是中国快速发展的标志。国家要发展，交通是先行官，从交通的发展就能看得出时代的变迁。

中国每年的春运都是社会的焦点。1979 年，中国铁路春运，旅客发送量已经突破了 1 亿人次，2018 年春运，全国旅客发送量达到了 30 亿人次。春运的火车票曾经是“一票难求”，40 年过去了，春运的规模已经扩大了 30 倍。可见，人们出行需求的大幅增长对铁路的运输能力提出了更高的要求。

40 年里，中国铁路的发展经历了不同的阶段。现在在山东省内，在淄博和泰山之间运行的 7053 次列车，是一辆没有空调的绿皮小火车，平均时速只有 32 千米，这也是山东省内运行速度最慢的火车了。这列小火车保留至今成为时代的见证，成为铁路发展的“活化石”。20 世纪 70 年代，山区复杂的地理环境让人们交通不便，这种小火车行走慢吞吞的，却是山区人重要的交通工具。7053 次列车跑起来很稳当，带动着当地的经济发展，人们的生活质量也逐渐提高了。进入 21 世纪以来，农村修了公路，一些人家里买了小汽车，山区的百姓走出了山区，乘客也少了起来。列车的车厢从 12 节减到了 4 节，乘客主要是老人和孩子。尽管如此，它的存在依然是中国铁路变迁发展的一个缩影。

现在的中国高铁运行速度最快可以达到时速 350 千米，相比较之下，这辆时速 20 千米至 30 千米的小火车就好像是一位老人，虽然行走得缓慢却也“健康”，依然是不可替代的。

铁路运输能力的提升，有赖于中国铁路装备技术的不断提升，2018 年，中国铁路电气化率达到了 68.2%，位居世界第一；复线率达到了 56.5%，位居世界第二。同时，中国拥有大批具有自主知识产权并领先于其他国家的技术创新成果，尤其是高铁，集中体现了中国铁路技术水平的提升，也成了中国铁路走上世界发展之路的一张名片。

中国的高铁已经启动了“走出去”战略。党的十九大报告中提出中国要从交通大国转变成“交通强国”，随着“一带一路”倡议的提出，中国的高铁走出国门。中泰铁路是中国和泰国双方政府一项重要的合作项目，作为中国铁路“走出去”优质发展、服务当地的重要探索，就是采用了中国高铁技术。这条铁路建成后，从中国的昆明到泰国的曼谷可以实现朝发夕至。

中国高铁通车里程已经超过20000千米，不仅时速最高，而且运营温度最低。俄罗斯的国土面积非常广阔，但是高铁建设的成就与中国相比却大相径庭。中国高铁走出国门的第一单就是中铁二院与俄铁、俄快速干线公司合作的“莫斯科—喀山”段建设项目，铁路建成后，从莫斯科到喀山的14小时的铁路通行时间将缩短为3.5小时。俄罗斯高铁项目列车的运营温度为−45℃左右，最高时速360千米。

土耳其第一条高铁也是中国建设的，土耳其的第一条高铁是从首都安卡拉到伊斯坦布尔，这条高铁的全长是533千米，中国修建的路段是158千米，无论是施工的质量以及高铁运营中的稳定程度，土耳其方面都表达了十分认可的态度。

中国高铁建设规模不断扩大，已经构建了高速铁路网。

从中国的高铁发展情况来看，第一条时速超过350千米的铁路是京广高铁武广段，2009年开始试运行。到2013年，高铁的总里程突破了10000千米；到2016年，高铁的总里程突破了20000千米；预计到2020年，高铁的总里程将突破30000千米。

很多人开始喜欢上了高速铁路的平稳且快速，飞机不再是商旅人士出行首选的交通工具了。从北京到上海之间，乘坐高铁只要4个小时就可以到达，乘客中午还在吃北京的吊炉烤鸭，晚餐就可以享受到上海的南翔小笼包了，真是超乎想象的体验。

40年来，中国的铁路网逐步建设展开，铁路干线延伸到中国的大部分地区，国人的生活也发生了翻天覆地的变化。人们乘坐火车可以在最短的时间内饱览各地的风光，北方的冰雪、南方的热带风情、东部的大海、西部的沙漠。

铁路的四通八达，更是给地方经济发展提供了助力。众所周知，新疆有丰富的资源，库尔勒香梨、吐鲁番葡萄都是我们所熟知的。兰新高铁将新疆与内地连接起来，形成了高速铁路通道，运营的质量高，运行的能力也非常强。

开通后，新疆各地区的瓜果蔬菜都可以通过高铁运输到内地，为地方农业贸易发展提供了便利的条件。同时，其他地区的人们可以乘坐高铁到新疆，品尝这里的美味，体验这里的异域风情，对旅游观光行业的发展也起到促进作用。这条铁路所发挥的作用已经突破了简单的交通运输局限，而是成为沟通内地与边疆人民心灵的桥梁。

中国铁路经历了40年的发展，践行着“人民铁路为人民”的诺言。改革开放的40年，中国铁路更为成熟，不仅体现在技术方面，也切实地体现在服务方面。铁路的服务充满了人文关怀，而且不断地推出创新服务措施，让铁路充满了时代感，满足乘客出行的基本需求。高铁 WiFi 全覆盖，高铁动车组实现了互联网订餐，让便捷的互联网在列车上也发挥着作用。乘客在车厢中就好像是在家里一样，使用网络学习、工作，对列车途经地区的风土人情进行了解。饿了就使用手机订餐，享受铁路沿线区域的特色美食。

铁路作为国家的基础产业，在管理上实现了创新，各种便民措施也相继推出来。基于互联网技术，铁路部门推出了“移动售票车”，进入企事业单位、校园等售票，将票送上门。货运列车在运输服务方面也实现了精准对接，在运输平台上推出“门对门”服务，满足货主的个体需求，通过私人定制让货物运输效率更高。此外，铁路还开通了多种订票形式，包括电话订票、网络订票等等，还会根据售票实际情况将预售票的时间延长，做到处处为民着想，充分释放改革红利。

中国的高铁以时速 350 千米的速度运营，向世人展示了中国铁路风采。中国的高速公路覆盖了全国各地，即便是地质环境复杂的地区，各种施工难关也被一一攻克，体现了高速公路修建技术已经达到了世界领先水平。高速度不仅让中国人民的出行方式发生了改变，也享受到了现代化的交通。高铁和高速公路不仅改变了出行的方式，也将各个地区的文化互相融合，人们对生活的认知也发生了变化，更为重要的是，能够让我们感受到中国的强大。

让我们回过头看看中国高速公路的发展速度。改革开放 40 年，我国公路建设突飞猛进，1978 年，我国公路通车总里程 89 万千米，公路密度 9.27 千米／百平方千米。1988 年，第一条高速公路——沪嘉高速公路建成通车，到 2012 年年底，全国高速公路里程已达 9.62 万千米。

党的十八大以来，我国公路建设更是取得了辉煌成绩。公路总里程增加了 53 万千米，高速公路增加了 4 万千米，高速公路覆盖 97% 的 20 万人口城市及地级行政中心，二级以上公路通达 96.7% 的县，全国通公路乡（镇）达 99.99%，通公路建制村达 99.98%。截至 2017 年年底，全国公路总里程 477.35 万千米，高速公路以 13.65 万千米的通车里程稳居世界之首，全国公路网密度达 49.72 千米／百平方千米。近年来，我国高速公路发展举世瞩目，创造了世界高速公路史上的奇迹。

随着高速公路网的铺设，许多高速公路需要修建在山区地带，“逢山开路”隧道施工工程是必不可少的，也是施工难度非常大的工程，无论是勘测、设计、建造以及设备的使用都需要有非常高的精确度。

2007 年 1 月 20 日，秦岭终南山公路隧道通车，从西安到柞水原来需要行车 146 千米，而通过走隧道可以缩短为 64 千米，原本需要 3 个多小时的车程，现在 40 分钟就可以完成。中国自行设计并施工的秦岭终南山公路隧道是世界上最长的双洞高速公路隧道，可以说是“咽喉工程”。现在该公路隧道总长度为 18.02 千米，双洞总长度为 36.04 千米，从西安市长安区青岔到商洛市的柞水县营盘镇，是陕西“三纵四横五辐射”公路网中的重要组成部分。

全国高速公路第二长隧道是太古高速公路的西山隧道，在山西省境内，总长度为 13.7 千米。这也是全国高速公路中施工难度最大的隧道之一。隧道的开掘过程中，重大危险源就达到 31 处之多，如果没有处理好，就容易产生突水涌泥或者塌方的现象。比如，在对岩层进行挖掘中，蕴藏能量的岩层很有可能在掘进的过程中产生岩爆。隧道的线路与城市的供水管道有交叉，如果管道被破坏，整个城市的饮水安全就会受到威胁。在挖掘隧道的时候，一般最忌讳的就是穿越岩层，特别是破碎层，如果发生事故，后果是不堪设想的。而西山隧道施工时，不仅需要穿越多个破碎层，还要穿越采空区，很容易导致塌方或者引起瓦斯爆炸。克服了重重困难之后，太古高速于 2012 年 7 月正式通车，极大地改善了当地的交通状况。

贵州邵怀高速公路有横穿雪峰山脉的隧道，就是雪峰山隧道。隧道地势险要，被称为“天险”。这条隧道为上下分离式设计，四车道。隧道的修建也非常困难，在国内极为少见。隧道施工的场地狭窄，地质状况复杂，施工中需要处理好 18 个 3 级以上区域性断裂层，涌泉频繁。雪峰山隧道是贵州省内的最长高速公路隧道，也是全国高速公路第三长隧道。

宝天高速公路段上有条大坪里隧道，这是中国高速公路第四长隧道。这条隧道的双洞总长度是 24.58 千米。隧道的掘进长度是 6330 米，为独头掘进，在亚洲公路隧道掘进技术中创下了最大独头掘进的纪录。

随着通车里程的延伸，“最长、最高、最大”的纪录不断被写进世界桥梁和隧道建设史，“中国桥、中国隧”成为展示中国形象的新品牌。

当今世界前 10 座最大跨径悬索桥和最大跨径斜拉桥，我国分别占了 5 座和 6 座。近年来，我国陆续建成东海大桥、江阴长江大桥、杭州湾跨海大桥、润扬长江大桥、苏通大桥、港珠澳大桥等一批世界级大跨径桥梁。港珠澳大桥是世界上最长的跨海大桥；北盘江大桥是世界上最高的大桥；大胜关公铁大桥是世界首座六线铁路桥，双跨连拱为世界高速铁路跨度最大；在建的五峰山长江公铁大桥主跨达1120米，在世界悬索桥中位列第一；在建的沪通长江大桥将成为世界上首座跨度超过千米的公铁两用斜拉桥。

交通运输是基础性、先导性、战略性产业，是经济社会发展的重要支撑和强力保障。40年来，我国坚持改革开放的基本国策，无论是在交通基础设施规模、运输服务质量、技术装备等方面，还是在发展理念转变、体制创新、市场化发展等方面，都取得了前所未有的成绩，在世界交通运输史上创造了举世瞩目的“中国速度”和“中国模式”。

## 中关村——闯出一股中国精神

中关村本来是北京海淀的一个荒凉的小村庄，当电子产品刚刚流行起来的时候，中关村的电子一条街才被人慢慢熟悉。当时的电脑都是组装的，很多的电脑配件都需要使用者自己购买，诸如显示器、键盘、硬盘、鼠标等等。当所有的配件备齐之后，就需要找一个行家组装。组装完毕的电脑要正常使用就需要运行软件，因此各种软件光盘当时非常受欢迎。后来经过不断创新发展，中关村被建设成为北京的电子商业园区。

“中关村”已经成为电子产品的代名词。逐渐地，一些年轻的学者和致力于电子产品创新发展的人来到中关村，在这里聚集，诸如刘强东、柳传志、张朝阳等等，在这里创业并建立了属于自己的品牌，即京东、联想、搜狐等等。随着互联网的普及，中关村开始从线下发展转向线上发展。

中关村的发展是与中国的改革开放同步而行的。1978 年党的十一届三中全会召开，中关村在改革开放的环境下发展起来。创业者们在这里创造了一个又一个成果，推动他们不断前行的力量就是创新，中关村成了中国创新的集聚地。这对全国各个地区的创业潮都起到了一定的带动作用。

将时间倒回到 40 年前，柳传志夫妇还住在自行车棚改造的狭小空间中。这里空间虽然很小，只有 16 平方米，却曾经挤过 7 口人。1978 年，“科学技术是第一生产力”指明了改革开放的方向，人们的思想得以从传统观念中解放出来，体制上的束缚也逐渐被打破。据柳传志自己回忆：“当年发达国家用 386 电脑时，只卖给中国 286 电脑，认为中国人不能做，结果我们憋出来了。”他在描述自己的创业历程时用了一个恰当的字，就是“憋”。当时创业中缺少各种条件，技术、资金、管理都不到位，能做的就是拼。就是凭借这么一股拼劲，柳传志拼出了一片天。

联想如今已发展为世界上最大的 PC 生产厂商，并作为中国知名品牌走向世界。可以说，联想伴随着中国的改革开放起步，在中关村起到了样本作用，成了中关村改革开放的缩影。

中关村发展起来了，这当然是柳传志所没有想到的。40 多年弹指一挥间，他的后辈们也逐渐成长为中国电子产业发展的领军人物。

刘强东是京东集团的 CEO，从租赁 4 平方米柜台卖 VCD 开始，到今天执掌电子商务领军企业的大权，“坚持”是最重要的因素，是“坚持”让这位以奋斗为乐的创业者时来运转。刘强东认为，这是一个伟大的时代，如果自己有一天不努力，就会觉得过得不踏实。也许这就是刘强东成功的秘诀吧，时代给每个人机会，只有勤奋努力才能造就辉煌的人生。

小米是比较年轻的品牌，2010 年创立，仅仅 8 年时间，走到中国电子行业的最前列，而且产品已经在海外市场上热销。2017 年，小米的收入就闯过了 1000 亿元大关。

“小米”不仅是品牌，还是一种精神，小米科技董事长雷军说：“把公司名字叫小米，就是希望发扬‘小米加步枪’的精神，发扬创业精神。”当时在中关村银谷大厦的一个房间里，创业者们喝着香喷喷的小米粥，“小米科技”就这样诞生了。这些创业者每天的工作时间是 12 个小时，可真是将“小米加步枪”的精神落实到行动中。就这样坚持了五六年时间，小米产品在市场上赢得了一席之地。

许多人不知道，我国出版印刷业今天的蓬勃发展，得益于汉字激光照排技术的应用。而这项技术的研究与发展，与一位名叫王选的院士密切相关。

王选院士是北京大学计算机文字信息处理专家，是计算机汉字激光照排技术的创始人。在改革开放的初期，王选带领着自己的团队自主研发了汉字信息处理与激光照排系统，并致力于这一系统的商品化、产业化，最终获得了成功，汉字印刷开始进入新的发展时期。在研发初期，很多人不理解他，因为照排技术最初被用于处理西文文字，而汉字数量巨大、信息量也极大，印刷界都认为汉字激光照排根本无法实现。面对冷嘲热讽，王选毅然走自己的路。最终他成功了，锲而不舍的精神使其为了实现自己的目标在科学领域中积极探索着，最终获得了丰厚的回报。

对于很多人而言，中关村代表着成功。走出这里的人几乎都是以成功者的姿态展现在人们的面前，但是，成功背后的无数艰辛也许只有他们自己知道。他们付出的劳动和智慧要比常人多很多，才能成为人之佼佼者。所以，中关村更是代表一种精神。中关村管委会主任翟立新将中关村的灵魂概括为 4 句话：求真务实的科学精神，百折不挠的创业精神，追求卓越的创新精神，产业报国的奉献精神。这就是中关村在多年发展中沉淀出的特有的文化，即创新创业文化。

改革开放以来，中关村孕育了一代又一代创业者，这些人中有海外留学归来的企业家，有科研院走出的科学家。他们来到中关村，参与到创业队伍中。这些人有一个共同的精神，就是勇于试错，对科学积极地探索，即便是失败了也不会气馁。正是这样的精神，让中关村的规模不断扩大。中关村作为一个示范区，为创业者提供了自主创新的空间，在其 40 年的发展中，证明了“知识与科技相融合带动产业发展”是一条非常重要的发展之路，是“科学技术是第一生产力”的重要体现。

1999年，国务院要求加快中关村科技园区的建设。2012年，中关村国家自主创新示范区的规模以及布局都做出了调整，示范区的面积也有所增加，达到了488平方千米。中关村在成长中得到了国家政策的支持，是国家战略的标志性“符号”，被世界所瞩目。

中关村的发展不再局限于北京，而是与各个区域建立战略合作关系，到目前为止，中关村企业的京外分支机构已经超过1000万家，超过80%地方技术合同已经向京外各个地区辐射，部分科技型区域已经向世界各个国家辐射，600多家企业在海外成立分支机构。中关村让中国更好地融入到世界范围内的科技创新网络中。

中关村浓厚创业氛围让来到这里的人都会更为勤奋努力，探索科技领域并在产品技术上不断创新。正是基于这一点，小米公司创立的前五年都没有走出中关村，因为在这样的科技环境下，模式创新更容易爆发。

现在的中关村已经汇集了30000多名海归，还有近10000的外籍人才。有创新才有竞争力，而技术的创新离不开专业人才。正是由于大量人才的涌入，使得创新生态形成，中关村的核心竞争力被释放出来，在全世界的科技创新领域中都发挥着引领作用。

面对中关村40年来的改革发展，我们也需要认识到，中关村还存在一些薄弱环节，比如顶尖人才的稀缺依然是一个问题。美国的硅谷超过30%的人才都是外籍人士，具有很高的国际化程度。中关村虽然也有很多的外籍人才，但是占有比例依然很小。再比如，科技型中小企业数量虽多，但领军企业和顶尖人才较少，以及掌握核心技术且具有市场主导权的世界级创新企业还不多。为了推进中关村更好地发展，各方都在做出努力，一系列举措陆续推出：大力引进全球顶尖科学家及其创新团队，实施“中关村领军企业创新升级领航计划”，实施高精尖项目对接工程，着力推动“一区多国”高端发展……站在改革开放40年的门槛上，“中关村人”对未来充满信心。

## 开眼看世界：边陲之地的国际路

深圳，是一座高度浓缩时代精华的城市。中国改革开放40年，深圳奇迹般崛起了。一座曾经默默无闻的小镇，乘着改革开放的春风，走过了40年的发展历程，现在成了现代化国际大都市。深圳的发展见证了改革开放40年中国所发生的变化，这个改革开放的窗口现在已经成为国际化城市。40年来，深圳作为第一个经济特区始终走在改革开放最前沿。

党的十一届三中全会后，当时担任广东省委第一书记的习仲勋向中央提出创办对外加工贸易区的设想。1979年，深圳发生了历史性的转变，被批准立市；1980年，深圳被批准设立为经济特区。

1978年，“开山炮”在蛇口炸响，第一个出口工业加工区在这里创办起来，也成了将深圳设立为经济特区的探寻者。深圳本是一个镇，靠近香港。1979年，广东省宝安县改用“深圳市”这个名字，就是想让深圳在诞生之初就与香港做对比，找差距，弥补不足。将香港设为深圳的目标，目的是让深圳发展为国际一流城市。当年广东省的设想是，将当地靠近香港和澳门的地理优势充分利用起来，加之这里有很多的华侨，就可以在政策上争取到优惠，在深圳建立出口加工区。邓小平对这个想法非常支持。邓小平说，可以划出一块地方作为特区，在政策上给予优惠，让深圳自己发展，走出属于自己的道路。1980年，中国批准设置经济特区，中国的改革开放从这里开始了。

深圳是改革开放的先行者，发展的道路并不是平坦无荆棘的。邓小平两次到深圳，都是要求“大胆地试，大胆地闯”。深圳在中央的关怀下创造了多项奇迹，不仅走上了城市化道路，而且还实现了工业化和现代化。深圳的变化并不是偶然，经济的跨越式增长对技术创新体系的构建非常有利。

深圳刚刚建市的时候，还没有建立科研院所。深圳要发展下去，主要依赖的就是创新，特别是产学研深度融合，让深圳走入中国城市发展的前列。

深圳的变化之剧烈是世界罕见的。1979年，深圳的GDP是1.97亿元，人均GDP仅为606元。到2017年，深圳的GDP就已经达到了2.24万亿元，人均GDP达到了18.31万元，GDP年均增长速度是23%。在科研方面，深圳的投入力度也是非常大的。2017年，深圳在研发方面的投入占其GDP总量的4.13%。PCT国际专利达到20400件，占全国总数的43.1%。

2017年，高新技术产业增加值在GDP中占32.8%。看看这些数字，所谓“深圳速度”绝对是名不虚传的。

深圳拥有优越的地理环境，拥有全亚洲最大陆路口岸、全球第三大集装箱港。深圳不仅是中国的经济中心，而且在诸多领域的发展都是非常突出的，诸如科技创新、金融、商业贸易、物流等等，发展速度都非常快。7家挤进世界500强的中国企业，华为、招商、平安、腾讯、万科、正威、恒大等都在深圳落户，200多家世界500强企业到深圳投资。

随着城市的包容和开放，深圳迎来了越来越多的移民。无论是从哪里来到深圳的，到了这里就是深圳人，海外高层次人才可以到深圳落户。深圳重视吸引人才，大量的人才涌入这里，让深圳与同类城市相比较发展更快，成绩也更为突出。

深圳发展起来了，但“深圳速度”并没有以环境为代价。深圳有“公园之城”的美誉，千座公园坐落在深圳的各个角落，到2018年8月，深圳森林覆盖率已经超过了40%，建成区绿化覆盖率达到45.08%。一直以来，深圳都以“建设国际一流生态宜居城市”为重要目标。

深圳是改革开放的试点，一路探索着发展起来，深圳的经验是值得研究的。开放的深圳将全世界的资源都聚集在这里，在发展中更为主动，积极地参与到国际竞争中。在对资源的配置中，市场起到了决定性作用。深圳在改革中始终以市场化为永恒信条，推动经济发展中抓住创新的机会，让发展不仅有质量、有效率，而且还为深圳的变革提供新动力，带动深圳的创新力量崛起。

从深圳的发展可以见证，为实现中华民族伟大复兴，改革开放是必由之路。改革开放让深圳充满了活力，让深圳实现了跨越式发展。读懂了改革开放，也就破解了实现中华民族伟大复兴的“密码”。

改革开放让深圳飞速发展起来，为深圳打造了中国改革开放的品牌形象。现在，中国进入到进一步深化改革开放时期，深圳南头半岛的前海成了新一轮改革开放的先行官，这个深圳特区中的“特区”在新的改革开放中领跑。

2012 年，习近平总书记来到深圳前海考察，这是他在十八大之后的首次出京考察。在这片改革的前沿阵地，习近平总书记宣示了继续改革开放的坚定信念，改革开放一定会持续下去，不会因各种阻挠而停止。2018 年，习近平总书记在全国“两会”上提出“以更宽广的视野、更高的目标要求、更有力的举措推动全面开放，加快发展更高层次的开放型经济”。新一轮的改革开放，有了新的高度，深圳的任务更为艰巨。

## 一飞冲天的“新航路”

改革开放以来，中国的航天科技发展是举世瞩目的，也证明中国的综合国力不断增强。中国的航天事业伴随着改革之路崛起，技术不断地创新，创造了世界瞩目的业绩，同时也带动国防实力的增强，民族的凝聚力得到提升，国人为此骄傲。对于一个国家和社会而言，只有在稳定中才能求得发展。航天科技事业的蓬勃发展，维护了国家的安全，促进了社会进步，也保证了改革开放顺利展开。

另一方面，改革开放给中国的航天科技工作者以新的思维，即坚持走自力更生的道路。想在这条道路上求得发展，就要继承中国航天的优良传统，在技术上不断创新。正是这样的坚持，使我国的航天科技产业以较少的投入在较短的时间里取得了巨大的成就。

改革开放 40 年，中国在航天科技领域中可以说是硕果累累。

1981 年，“风暴一号”火箭实现一箭多星，即用一枚运载火箭将三颗卫星送入地球轨道运行，标志着中国成为世界上第三个掌握“一箭三星”技术的国家。同时也说明我国在分导核弹头、发射技术以及火箭与卫星分离技术上更为成熟，而且在运载火箭中的应用有新的突破。

1988 年，“风云一号”气象卫星在太原成功发射。这是中国自行研制和发射的第一颗极地轨道气象卫星。

1999 年，无人试验飞船“神舟一号”第一次测试飞行，成功实现起飞及着陆。

2003 年，“神舟五号”顺利地升入太空，环绕地球 14 圈之后成功返回。至此，中国已经可以独立掌握载人航天技术，也成为世界上第三个掌握这项技术的国家，当然，宇航员杨利伟这个名字也载入了中国航天科技的史册。一提起杨利伟，国人都为之感到骄傲。中国的首次载人航天飞行获得了成功，中华民族的千年飞天梦想得以实现。

2005 年，“神舟六号”飞船顺利地升入太空，这一次的载人飞行不是一个人，而是两人，飞船在太空上持续飞行了 5 天。这是中国载人航天技术水平的又一次重大进步，也是我国首次真正意义上有人参与的空间飞行试验，并取得圆满成功。

2007 年，中国的第一颗“北斗”导航卫星升入太空，也就是在这一年，中国首颗探月卫星“嫦娥一号”开始绕着月亮飞行，不禁令人想起中国古代的传说“嫦娥奔月”。“嫦娥一号”的绕月飞行不仅是中国航天科技史上的突破，而且注入了传统文化内涵。这一次月球探测工程的圆满成功，说明中国已经具备了深空探测能力。

2008 年，中国“神舟七号”载人航天飞行任务完成，宇航员成功进行太空行走，这是一次国家级重大科研实践活动，非常具有影响力。中国的空间技术实现了跨越式发展，而且这一次的跨越是具有里程碑意义的。

到 2008 年 10 月，中国的“长征”系列运载火箭已经发射了 112 次，其中，改革开放以来“长征”系列运载火箭发射了 107 次，完成了 111 颗卫星的发射任务，将 7 艘飞船送上太空。

2013 年，月球车“玉兔号”踏上了月球。玉兔，传说中就是在月宫中陪伴着嫦娥的小白兔，“玉兔号”陪伴着“嫦娥一号”，是不是内涵深刻呢？

2017 年，世界上的第一颗量子科学实验卫星“墨子号”投入使用了。墨子是战国时期的科学家，创立了“墨子砚”整套科学理论，涉及物理学、几何学、光学等。而墨子也是最早提出光沿直线传播观点的人，因此，为了纪念他在早期物理光学方面的成就，便用他的名字为量子科学实验卫星命名。

2017年11月，随着第一批两颗组网卫星升入太空，北斗卫星导航系统开始进入全球组网时代。2018年1月，北斗三号工程第三、四颗组网卫星成功发射。

夜晚，当我们抬头望着天上的星星，会不会感到心潮澎湃？很有可能其中的几颗闪亮的星星就是我们中国航天科技的成果。

中国在航天科技领域中所获得的成果可以证实中国的运载火箭和卫星技术已经处于国际领先水平。中国所研制的“长征”系列运载火箭有14种型号，不仅运行安全可靠，而且能够精准地进入太空轨道。中国卫星研制技术水平和应用水平都有了长足进步，并且实现了系列化发展。运载火箭和卫星技术的进步也使得中国的综合国力增强。

航天技术水平的提升，相关产业被带动起来，对社会经济发展起到了一定的促进作用。在高科技产业化发展环境中，各种新的技术应运而生，包括卫星通信技术、卫星导航技术、卫星遥感技术等，都在航天领域中得以应用，一些新的航天科技应用产业产生，诸如空间生物和育种、各种新能源和新材料以及航天特种技术应用等都得到了长足的发展。航天科技与其他行业协同发展已经成为时代的潮流。

中国自主研制应用卫星已经用于各个领域中，改善了人们的生活环境，提高了人们的生活质量。诸如信息通信、广播电视传媒、气象预报、海洋观测等领域都离不开卫星的贡献。除此之外，工业领域、农业领域、信息服务业等也都伴随着卫星的应用在技术上升级换代。

中国航天科技是在改革开放的环境中迅速发展起来的。在党和国家的正确领导下，中国航天工作者坚持走中国特色航天发展道路，让航天科技事业获得了举世瞩目的成果。改革开放以来，中国对航天事业的发展给予了高度重视，引导中国的航天事业不断向正确的方向前行。在深化改革的道路上，航天科技工业体制机制也不断完善，建立了先进的管理模式，为航天科技创造了体制机制优势。

回首航天科技发展之路，我们可以发现自主创新发展道路是正确的，也是航天科技产业发展的战略基点。航天科技产业的发展中，也经历了许多波折，遇到过很多困难，而中国航天人不畏艰苦，攻克航天技术的一个又一个难关，逐步掌握了核心的技术要领，创造出具有中国自主产权的成果。也正因为如此，中国在航天科技发展中才能掌握主动权，实现航天领域的跨越式发展。

中国航天科技领域的发展中，在技术水平提升、成果辈出的同时，还孕育形成了“三大”航天精神。航天传统精神、载人航天精神、“两弹一星”精神等都在航天科技发展的不同历史时期发挥着作用。也就是在航天精神的鼓舞下，航天科技人员积极探索、全身心投入创新发展中，才促成了中国航天事业从无到有，从小到大，从弱到强的伟大转变。

## 经济发展：从“解放”到“自由”

2018年，中国的改革开放政策实施了40年。40年来，中国人民摆脱了各种束缚，走上开放之路，解放思想、实事求是是重要的精神体现。40年的改革开放，事实上就是经历思想解放运动的过程，让中国快速进入到市场经济轨道，推动中国特色社会主义市场经济发展。

党的十一届三中全会是中国命运的转折，经济作为社会发展的基础，对中国的发展起到了决定性的作用，所以，中国40年来的经济变革尤其受到关注。改革开放的主要目的是解决生存问题，所以，在中国的发展中，经济是永恒的主题，只有发展经济才能解决人民的温饱问题，才能逐步迈入小康，使人们生活得更幸福。

40年来，中国经济增长进入快车道，解放了最有活力的劳动生产要素。改革开放将人们从各式各样的依附关系中解放出来，成为经济上独立自由的个体。北京师范大学经济与工商管理学院教授沈越将这种自由概括为四个方面。

第一，交易自由。放开价格的基础上形成了自由交易，不仅解决了计划体制下短缺的顽症，更重要的是它使市场配置资源的功能得以发挥。

第二，择业自由。改变了由政府安排就业的计划体制的做法，不仅解决了城市居民就业难的问题，而且在过去 40 年中吸纳了数以亿计的农村剩余劳动力，使他们从劳动生产率低下的农业转向了生产率更高的城市服务业。

第三，经营自由。改变了过去只有国家才能创办企业的历史。所有人都有权创业创新，进而经过 40 年的改革开放形成了公有制为主体，多种所有制共同发展的格局。经营自由同时为企业家和企业家精神的成长提供了生成和发展的环境，一批批勇于进取、善于开拓的企业家前仆后继，不断引领中国经济的发展壮大。“我们可以讲，如果没有经营自由这一条，就不可能有任正非，也不可能有马化腾和马云。”

第四，迁徙和居留自由。使劳动力资源在全国范围内，乃至全球范围内配置，从农村到城市，从低收益的农业专项到收益更高的工业、服务业，加快了中国的工业化和城市化进程。

同样这种自由也体现在改革开放让中国的大门打开，将国外的企业吸引进来，以这种方式与世界经济衔接。国外的企业进入到中国，所带来的不仅是资金，更重要的是带来先进的技术和管理模式。此时的中国企业正处于学习阶段，需要向外国优秀企业学习。

最初，外国企业愿意来到中国，意味着中国也有自己的优势，那就是劳动力成本优势。中国的人力成本低，外国企业到中国来，可以提供大量的就业岗位，既提高中国的就业率，国外企业投入的人力成本也会降低。

除此之外，外国企业的进入，为中国市场带来了成熟先进的商业模式、运营理念、管理制度，也进一步打破了部分国家曾经对中国的技术封锁。为了吸引更多的外国企业来到中国投资设厂，政府出台了一系列鼓励外商投资的法规、政策，给外资企业提供了诸多税费优惠，不断地优化营商环境。如今，世界500强企业绝大多数已经来华投资。

外国企业给中国经济的发展带来了非常积极的影响。我国的资本和技术等生产要素相对短缺，外商直接投资满足了我国经济建设对资金的大量需求，不仅增加了我国的资本存量，而且间接推动了我国企业扩大投资规模，从而明显增大整个社会的资本规模。同时，也促进我国财政收入的增加。

在我国产业结构优化和升级的过程中，外商直接投资起到了一定作用。据资料显示，外资中的近70%投向第二产业，近30%投向第三产业，投向第一产业的比重尚不足2%。这大体符合我国现阶段调整产业结构的客观要求，从而促进了我国第二、第三产业的发展。

外商直接投资直接或间接地促进了我国技术水平的提高。改革开放以来，外商直接投资给我国带来不少较为先进和适用的技术，促进了我国产品技术的升级换代。通过与外商的合资与合作，我国许多产品的技术水平也有明显提升。从间接效应看，外商直接投资企业通过示范作用，促使我国企业或通过技术贸易的形式从国外引进先进技术，或通过自主创新来采用较为先进的技术。

推动我国现代企业制度的建立和完善。我国吸收和利用外商直接投资，特别是通过吸收欧盟、美、日等发达国家大型跨国公司的投资，借鉴先进的管理方式和制度，推动了我国企业现代企业制度的建立和完善，推动了我国国有企业改制和健全公司治理结构。

中国形成了日益成熟的市场机制、稳定的投资环境，这不仅为境外企业到中国投资提供了机遇，也为中国企业“走出去”建立了稳定的大后方，有越来越多的中国企业开始“走出去”，尤其是制造业企业，他们积极参与国际竞争，努力开拓国际市场，大力提升中国制造的整体技术水平。这些企业在海外落地发展，不但可以通过落地投资来帮助所在国就业稳定，从而减少投资阻力，而且可以帮助平衡中国与部分国家的贸易，减少中国的贸易压力。在“走出去”的过程中，许多企业采取“集群抱团”模式来降低风险，利用规模优势实现在海外的成功落地和发展。截至 2016 年年底，我国企业在 36 个国家建海外园区 77 个，其中 56 个在“一带一路”沿线国家。

40 年来，中国始终坚持对外开放的基本政策，积极融入经济全球化的发展进程。在经济全球化日益面临重大阻力的背景下，中国始终积极推动双边及多边贸易、投资发展。1978 年，中国进出口贸易额为 355 亿元；2017 年，根据海关总署的统计，中国外贸进出口总值已经达到 27.79 万亿元，是 1978 年的 782.82 倍。其中，进口额由 1978 年的 187.4 亿元上升至 2017 年的 15.33 万亿元；出口额由 1978 年的 167.6 亿元上升至 2017

年的 12.46 万亿元。相关数据统计显示，2011—2016 年，中国进出口货物和服务总额占全球的份额由 8.4% 上升至 9.7%。显然，中国对外贸易的迅速发展为国际市场和国际贸易的繁荣做出了越来越大的贡献。特别是在 2008 年全球金融危机爆发之后，受到全球经济不景气的影响，全球贸易额增长率长期处于低位。

中国进出口贸易相对稳定的增长态势为全球贸易的稳定增长做出了不小贡献。2018 年 4 月世界贸易组织发布的年度全球贸易报告显示，中国商品贸易出口继续位居世界第一位，占全球份额的 12.8%，而中国商品贸易进口仅次于美国，位居全球第二位。与此同时，根据 2017 年商务部发布的《中国对外直接投资统计公报》，中国 2016 年对外直接投资规模达到 1961.5 亿美元，蝉联全球第二大投资国地位，占全球外国直接投资规模的比重首次超过 10%。

此外，自 2016 年 10 月 1 日起，人民币正式被纳入国际货币基金组织（IMF）特别提款权（SDR）新的货币篮子，从而获得国际主要货币的地位。随着中国经济实力的逐步增强，以及中国在全球市场中话语权的不断提高，中国的进出口贸易、对外投资将对全球贸易的增长产生越来越大的影响，日益成为全球经济再平衡的重要力量。

过去 40 年中国经济的发展成就说明中国正在一条正确的发展道路上摸索前进，但这不代表中国已经找到了一个完整的发展路径。中国要实现崛起的目标、实现“中国梦”，还必须继续向前摸索，需要解决社会经济发展过程中出现的很多结构性矛盾与问题。这正是当前中国特色社会主义新时代所面临的任务与挑战。中国需要正确对待自身在改革开放 40 年中所取得的成就，并在新时代加快经济发展转型升级，从而为世界经济可持续发展做出更大贡献。

# 第七章

# 医患关系：找准问题的脉门

如今的社会是一个需要人与人长时间高频度互动交流的社会。每个人都是社会的一分子，都会与其他社会成员发生联系。然而这种互动与联系也并非都是一帆风顺的，往往会产生许多摩擦与矛盾。面对社会矛盾，多数人都会退而求其次，不愿意在无谓的据理力争上浪费时间。但是，医患矛盾作为多年来一直被公众关心的话题却始终没有寻出一个令患方和医方都满意的解决之道。“医方”是从事医疗活动的所有人员，除了医务人员和护士外，还包括管理人员等等；“患方”是包括求医者在内的所有与求医者相关的人员。

现在很多的医院为了改善医患关系都做出了努力，但是医患关系紧张似乎是持久性的，医暴事件时有发生，甚至屡屡造成当事者伤亡的惨案，医患关系不断恶化。也许是整体社会氛围太浮躁了，让许多人都难以平静下来解决问题，最终酿成悲剧。医患矛盾迟迟无法解决，而导致矛盾的因素太多、太复杂。一方面，医生的天职是救死扶伤，但是，医生不是可以拯救世界的“神”，医生也是有血有肉的人。即便医生使用具有医疗功能的精密设备，也难免出现失误。而另一方面，医生的失误与常人不同，是人命关天。一旦出现失误，就会变成“见死不救”。毕竟医患关系是基于患者的需要形成的，而不是双方签订的合同。人得病了就要看医生，这不是患者自主决定的；为患者看病是医生的职责，也是医生不能选择放弃的。可是，和谐的医患关系一直很难形成，一方面，患者对医院和医生持有不信任的态度；另一方面，医院要考虑到经济利益的问题，医生给患者看病是尽自己的职责，目的是谋生。这个逻辑看起来似乎是合理，可是，有没有考虑到人的需求？患方只考虑到让患者带病走进医院，康复走出医院，有没有考虑到医生也不是万能的？让我们想一想，是不是医患矛盾所酿成的悲剧大多是由于双方没有进行充分沟通，没有正确认识对方所面临的困难？

## 在生命面前只有及时止损，没有孰轻孰重

医院与普通的单位不同，其是否尽职关乎到所有患者的生命健康。可是，社会上却存在着一种现象：患者到医院看病，却对医院和医生持不信任的态度。常规的思维是，选择一个医院，接受医生的治疗，就应该相信医生才对。患者服从医生、配合医生，不就凡事好商量，万事大吉了吗？何必怒目而

视呢？医生在医院工作，尽自己的本分为患者看病，让患者理解自己，就可以顺利地为患者治疗。这当然是理想状态下的医患关系，只要患者到医院看病，整个的治疗过程就顺理成章了。事实并非如此，长期存在的医患矛盾问题不但无法解决，甚至诉诸法律层面。

医方和患方相比，患方属于被动方。如果患者精通医学就无须到医院看病了，自主解决病症即可。既然患者到医院看病，就是自己不懂，需要医生帮助解决。在医院，患者接受医生的治疗，除了接受医生的治疗方案，没有自主选择的余地。也就是说，在医患关系中，医方是占有天然优势的，患方是弱势群体。

现在社会公众的法制意识不断增强，患者要维护自己的权利，就要在医患关系上与医方处于平等的地位，医方也努力提升医疗人员的服务能力和服务水平，双方都希望寻求一个“契合点”，能让医患关系更为和谐。医方尽全力治病救人，患者尽早恢复健康，可到了性命攸关的时候，就出现了家属不签字，医院不敢做的问题，归根结底就是医院不愿意为治疗不良后果承担责任。医院将看病救人当成一种责任，这种责任似乎不是尽全力救治患者的义务，而是为自己不承担后果负责。

2017年8月31日，在陕西省榆林市第一医院绥德区妇产科，一名孕妇马某从5楼分娩中心坠下，后抢救无效死亡。经公安机关勘查系自杀，自杀原因据推测是疼痛难忍，要求剖宫产遭拒后绝望。这就是“榆林产妇跳楼事件”。事件发生后医院与家属各执一词，均声称是对方拒绝剖宫产。消息在各大媒体上传播，短时间内传遍了全国各地，引起了全社会的震惊。2018年3月，对于这件事情，最高人民法院院长周强在河南代表团全体会议上提出意见：这种情况下，经过医院的院长同意，救死扶伤，医院应该免责。医生的天职是救死扶伤，不应被固化的条条框框所限制。产妇已经要生产了，疼得不行了，如果家属不希望剖宫产，拒绝签字，那么在这种紧急的情况下，医院就要立即从专业的角度做出决定，可以不征求病人家属同意。

在这里强调了“可以不征求病人家属同意”。为什么这么讲？从医方角度而言，救人最重要；从患方的角度而言，因为对医学缺乏了解，不会想到如果不听医生的建议会产生什么样的后果。在患者生命危急的时候，救命是最要紧的。这个时候医院还在考虑“出了人命谁负责”的问题，该如何真正做到“救死扶伤”呢？

“榆林产妇跳楼事件”是个悲剧，出现这种医患纠纷，最为核心的问题是患者没有得到及时治疗，之后转变为法律纠纷。不仅患者的健康问题没有解决，最终失去了生命，医生也没有尽到救死扶伤的天职，为了回避事后风险选择了保守的做法，没有把患者放在第一位。

近年来，医患纠纷导致医疗生态改变，由于相关的法律法规没有与时俱进，当落实到具体的医疗工作中，就会出现操作难的问题。“榆林产妇跳楼事件”就是一个典型的案例。

医患纠纷问题是非常复杂的，这种医院与法律跨领域的衔接，想要找到契合点很难。令人感到欣慰的是，最高法院十分关注这一事件，很快做出回应，让医生在履行职责的时候更有安全感。

出现医患矛盾的一个重要原因在于，虽然全社会都在普及医学知识，但是，老百姓对于医学知识的了解还停留在常识上，仅仅是一知半解。医学领域是庞大的、复杂的，在具体的实施中会存在各种不确定因素，一些因素是很难预料的。产妇虽然面临生产而感到疼痛难忍，他人却很可能认为这种疼痛是正常的，只是瞬间的剧烈疼痛，不会想到此时产妇的心理也受到了影响，很有可能因此导致抑郁。

即便是同样的病症，不同的人，所处年龄段不同，所在区域环境不同，在不同的季节中也需要采用不同的治疗措施。相信很多人会有疑问，治疗一种病症怎么会有那么多种药物，而且各种新药层出不穷？就是因为每个人的体质不同，导致病症的因素就会不同，一种药物长期使用，身体还会产生抗药性。比如，治疗高血压的药物就有很多种，使用降压药的同时，还要考虑到是否会影响肝功能、肾功能，是否会引起胃肠道的病症等等。患者以及家属对于医生采用的诊断方法、治疗方法和用药的方法会产生质疑，往往是经验使然，医学太过复杂，对疾病的了解产生偏差也是很正常的。当医院遇到类似的事情的时候，应该积极与患者或者家属沟通，做好各方面协调工作，争取使患者能够积极配合治疗。

医生不仅是一个职业，更是一份责任，承担着救死扶伤的使命。这个责任存在着很高的风险性，导致一些科室出现了“医生荒”的现象。包括妇产科、急诊科、麻醉科等等，各个地区都出现了不同程度的“医生荒”，出现这种从业意愿低下的主要原因就是风险太高：在没有对医疗损害明确界定的情况下，医疗行为很有可能触犯法律。

医疗损害是指医疗机构以及医务人员从事对患者的治疗活动中对患者造成的精神伤害或者身体上的损害。按照《侵权责任法》，如果是由于医务人员故意或者重大过失导致患者在接受医疗的过程中遭到损害，就需要医务人员承担法律责任。可是，现行的侵权责任法中对于医疗损害并没有从法律的层面明确界定。

医学的专业性很强，医疗行为还具有特异性和探索性。医疗行为的特异性就是健康是相对而言的，没有被检测到疾病的人，并不是绝对的健康。比如，相对于胃癌的特异性，胃溃疡患者可以被界定为健康，这是由于检测标准不同。医疗行为具有探索性，每一次的医疗行为都会面对不同的患者，解决不同的病症。为患者进行诊断和治疗的时候，都需要从医学角度和经验角度出发积极探索。探索的过程中出现判断上的失误是在所难免的，也就是说，任何一名医生都不能保证自己的医疗行为百分之百地不会出现医疗损害的后果。

医生的天职是救死扶伤，发生医疗损害就需要承担责任。在没有主动加害意愿的前提下造成了医疗后果，还需要承担法律后果，这也是导致许多医生在面对患者时做出较为保守选择的原因之一。因此，“医疗损害”在法律层面上的明确界定至关重要，这也是解决医患关系的关键。

医院与患者之间建立关系后，并没有形成合同关系，一旦医患矛盾形成，都是各说各有理。但是双方各自的道理是不能作为法律判定证据的，况且医院的性质特殊，而且医疗行为具有极强的专业性，法律上对医疗损害的判定也只能停留在动机和行为上。这种专业上的缺失以及信息上的不对称常容易使患者对医疗机构产生不满，对医生产生不信任的排斥心理，当患者在治疗中出现不良反应的时候，就很有可能引发一些过激的行为。当医患关系恶化时，愤怒几乎一触即发，就好像酝酿了很久的火山一样，一下子迸发，酿成惨剧。

“榆林产妇跳楼事件”不仅是一个热度过了就被遗忘的社会事件，更是需要研究的典型案例。在患者疼痛难忍的情况下，医方如何基于人道主义原则对患者进行及时治疗。当患方对于医生建议的治疗方法不接受的时候，医方应该采取怎样的措施解决这个棘手的问题。问题总是停留在问题本身，就永远都不会解决，针对此类情况医方应从治病救人的角度制定解决方案，将医疗行为落实到“救死扶伤”这个基准点上，将患者的生命健康放在第一位，这样才能减少治疗上的后顾之忧。

医生与患者之间需要建立信任关系，配合法律的约束，才能让医患关系更加和谐向上。医院对患者不仅承担治疗的责任，还需提供必要的护理干预，从患者需求的角度出发为患者提供服务，提高医疗服务质量。患者接受医院护理，对疾病、治疗效果都有所了解，患者家属配合医生和护理人员对患者进行心理辅导，引导患者接受治疗。当医院和患者能充分信任彼此，就会提高安全感，医生在治疗中心无旁骛，患者也获得优良的医疗服务，对自身的尽快康复也是非常有利的。

很多的患者以及家属都会对医学存在认知上的偏差，误以为医生是无所不能的，只要病人进了医院就应该药到病除。于是在治疗效果不甚理想时就产生了质疑：怎么花了很多的钱都没有治好病？实际上，医生在治疗的过程中存在着探索性，很多的不确定因素存在就会对疗效产生影响。医学是自然科学，并不是简单的治疗与金钱之间的交换。

## 细节沟通，才能有效剔除意外

医患矛盾长期得不到解决，人们习惯于按照经验性思维寻找产生矛盾的原因，想办法将矛盾因素消除，但始终都没有对“矛盾”的元凶准确定位。当医患矛盾引发严重后果的时候，人们往往从自身的立场出发判断是非对错，不仅矛盾没有解决，反而纷争不断，无形中就给已经撕裂的医患关系上撒了一把盐。可是，谁是赢家呢？看过很多的案例我们就会发现，其实谁都没有赢，患者的健康或生命已经受到伤害，医院的声誉受损，医生的业务能力和德行受到质疑，这种局面不是任何人想看到的。

“榆林产妇跳楼事件”被社会舆论推上了风口浪尖，可是有多少人想过，无论争论到最后结果如何，产妇和孩子已经离开了这个喧嚣不断、矛盾不断的世界，用这种决绝的方式躲开了将目光停留在利益上而忽视患者痛苦感受的人们。事件发生后，厘清谁是谁非固然重要，但更重要的是从中吸取教训，有效地防止类似事件的再次发生。如果各方都只关注眼前的是非与利益，那这桩悲剧里这对母子的死便成了枉然，我们应该理性地分析和解读这一事件。

反思“榆林产妇跳楼事件”，不难发现，医院和患者的家属都各有说辞，其中忽视了一个细节，就是产妇的意愿。是执行顺产还是剖宫产，是否征求过产妇的意愿？是否对产妇进行过心理疏导？医院与患者家属之间是否针对产妇的问题充分协调了？还有一个问题就是医院的管理问题，医院的安全防护工作是否做好了？“意外”已经发生了，是否存在这些问题，不置可否。

“榆林产妇跳楼事件”是在医院里发生的“意外”。既然是“意外”，就在所难免，但是也说明了一个问题，就是医院对突发事件的防范意识不够，对患者没有监护到位导致“意外”，造成了惨痛的代价。事件是告一段落了，可类似的“意外”还会继续发生。

按照《侵权责任法》第五十五条规定：医务人员在诊疗活动中应当向患者说明病情和医疗措施。需要实施手术、特殊检查、特殊治疗的，医务人员应当及时向患者说明医疗风险、替代医疗方案等情况，并取得其书面同意，不宜向患者说明的，应当向患者的近亲属说明，并取得其书面同意。

产妇是否需要接受手术，医生可以提出建议，但决定权在产妇自己手中。医生已经提出让产妇执行手术的建议，如果产妇本人已经要求手术，此时即便产妇的家属不同意，也没有决定权。如果是由于家属不签字而医生不执行手术，医生就要承担一定的责任。

任何手术都是存在着风险性的，对孕妇执行剖宫产，手术过程中孕妇很快进入麻醉状态，此时意识会模糊，一旦出现意外当然无法做决定。在执行手术的过程中有任何情况出现，医生就要与孕妇的家属沟通，请家属做出决定。医院需要孕妇签订委托书，确保其接受手术的过程中处于不清醒的状态下，当出现各种状况的时候家属可以代为决定。

如果孕妇同意接受剖宫产手术，家属对剖宫产表示不同意，医院遵照孕妇意愿执行手术，发生意外就需要医院承担责任。所以，孕妇入院时要按照医院的要求填写一份委托书，家属签字。在孕妇待产住院的时候，医院要根据孕妇的实际情况提出顺产或者剖宫产的建议，将各自的优点以及所存在的风险都详细说明，请产妇或者家属做出选择，征得产妇和家属的同意之后签署通知书。

产妇能否手术在法律上是有规定的，产妇自己有决定权。医院称“家属不签字，医院不手术”，也是有法律依据的。《医疗机构管理条例》第三十三条规定：医疗机构施行手术、特殊检查或者特殊治疗时，必须征得患者同意，并应当取得其家属或者关系人同意并签字；无法取得患者意见时，应当取得家属或者关系人同意并签字；无法取得患者意见又无家属或者关系人在场，或者遇到其他特殊情况时，经治医师应当提出医疗处置方案，在取得医疗机构负责人或者被授权负责人员的批准后实施。

没有得到家属的认可医院不手术的相关事宜，法律上有相关规定，但是，特殊情况就要特殊处理。产妇疼痛难忍极力要求剖宫产，而家属不同意，这种情况是不是特殊情况不得而知，但是既然造成严重后果了，即便医院的做法是有法律依据的，也要质疑这种做法是否合情合理。

合情合理，情在前，理在后，无论是医院还是家属，在讲理的时候有没有体会到产妇的情感已经受伤了。产妇跳楼了，死的不是一个人，是一尸两命。想到自己怀胎十月的辛苦，一个鲜活的生命将出现在自己的生活中，如果不是伤心到绝望的地步，也不会选择跳楼的。

对于此，也有法律人士指出，对于医院决定手术的建议，如果患者无法签字，且家属拒绝签字的情况下，虽然法律上并没有强制性地要求医院一定要执行手术，但是，也没有对医院手术明确表示禁止。

法律起到了行为约束的作用，医院要救死扶伤，对于怎么治疗才能维持患者的生命是最重要的，如何做是可以从医学的角度自主决定的。毕竟法律人士不是医学领域的专家，患者的家属对医学专业更是不懂，但都会从维护权益的角度考虑问题。

在医患关系中，患方属于弱势群体，对于疾病的治疗没有决定权。但关乎到治疗可能会产生严重后果的时候，似乎患者和家属就都有了“决定权”，其实就是决定这个后果的责任由谁来承担。在责任面前，医方与患方之间是不可协调的，最终的受害者是患者。如果医方和患方都最先想到的是患者的生命健康，是不是就能相互友好合作了呢?

医患关系就是医疗实践活动中的人际关系。在社会中人与人之间要和谐相处都需要调整好人际关系，何况是在医院这种关乎到患者生命健康的场所。医患关系没有调整好，不仅会影响患者的治疗，整个的医疗活动都会很难良性运转。以患者为中心建立良好的医患沟通，不仅可以让患者身心状态最佳，医生也可以获得患者以及家属的支持，从而规划出最优的治疗方案，为患者提供更好的治疗服务。医生在治疗中更多地融入人文关怀，患者及家属也会对医生充分信任，对医生产生依从性，对医生的治疗方案产生的治疗效果愿意更多地了解。医生与患者接触的过程中要体会到患者的痛苦，让患者足够了解病情，对患者持有尊重的态度，做到双方平等交流。治疗的方案也不是固定不变的，而是需要根据患者的病情进行调整的，医生改变治疗方案的时候，要向患者以及家属说明原因，明确可以获得更好的治疗效果，同时也要说明可能发生的不良情况。医护人员配合医生给患者以更多的体贴和关爱，积极与患者的家属沟通，指导家属护理患者的方法，善于用语言配合躯体动作与患者沟通，让患者感到自己是被关怀的。

人的生命过程中，很多的疾病还没有被人类完全认识，这就是医学的复杂性和治疗的不可确定性，一些疾病并没有行之有效的治疗方法。对此，并不是所有的患者和家属都理解这一点，许多人甚至会认为，药到就该病除，得病了去医院，医院就有责任将病治好，否则就是不负责任。这是大众对医院的误解，所以，医患双方要建立相互信任的关系，就要重视交流沟通。医务人员为患者提供人性化服务，而并不是听患者述说了病情之后，就让患者选择吃什么药或者如何治疗，这是不负责任的。医学科学的风险性很高，医疗工作中随时都有可能发生不可预料的事情，建立良好的医患关系，目的就是让患者配合治疗，医生在治疗中也会端正心态，没有后顾之忧。

## 医患之道：最需疗愈的是人心

医生要处理好医患关系，不仅要掌握医学专业技术，还要懂得医学心理学。在社会环境中有处世之道，在医院与患者交往的时候，也要掌握相处之道。任何人患病之后，由于个人的背景不同、社会地位不同、性格不同、学历不同等等，对疾病所持有的态度也会不同。不同类型的疾病，也要采取不同的治疗方式。所以，医生为患者提供治疗服务的时候，要灵活地调动自己的智慧。

患者接受医生治疗的过程中，患者自身的态度与治疗效果是存在一定关联性的。要将患者配合治疗的积极态度调动起来，就需要医生掌握一些医学心理学知识，与患者接触的时候，各个治疗环节的服务态度、采用的治疗方案、对于医疗知识的教育指导等都会对患者是否积极配合治疗产生一定的影响。所以，对患者治疗的时候采用正确的处治方式，有助于协调好医患关系。

医患关系中，医生是明显占优势的。也有医生对这种说法感到委屈，认为医疗转向服务化，医生才是弱势群体。也许医生有医生的难处，但凭良心说，患者才是弱势一方。患者没有医生懂医学，医患关系中，患者是服从者，是被动接受医生治疗的。医生是医学专业人士，知道如何运用专业技术给患者治病，对患者起到主导作用，医生给患者治病，需要患者以及其家属的配合，这就需要医生与患者有效沟通。为了增加患者的依从性，医生就要掌握沟通技巧，让患者更好地接受治疗。

医生要为患者服务，要提高服务质量，就要用更多的时间学习专业知识和沟通技能，认识到处理好医患关系对治疗效果的重要作用，根据工作需要不断地学习，对患者的治疗工作做到细致入微。否则，即便医生帮助患者挽回了生命，而没有处理好与患者相关的其他事宜，依然会引出医患纠纷。医生治病救人是根本的职责，但是在治疗的过程中顾此失彼，就是医生的工作没有做到位。

2017 年 9 月 11 日，武汉大学中南医院急救中心对呼吸、心跳已经停止的李先生进行抢救。为了及时抢救，医务人员将患者的衣物剪开之后就放在一旁，最终这名患者得到了及时抢救，脱离了生命危险。

但是，事情并没有结束，原因是医务人员将患者的衣物剪开后，没有交到患者家属的手中，不仅衣物找不到了，随身的现金、银行卡、身份证、手机数据线等财物都丢失了，合计大约损失 1500 元。

患者的家属表示，医院挽救了儿子的生命，非常感谢，但是，财物丢失了，医院是应该赔偿的。

院方表示，患者生命垂危，经过心脏造影、肺动脉 CT 等检查后，可以确认患者昏迷是由于肺栓塞导致的，这种疾病非常凶险，需要及时抢救。抢救过程中患者心脏持续性地产生停跳现象，为了维持患者的生命体征，就要使用人工心肺，以给诊断赢得更多的时间。插入人工心肺仪需要从大腿根部进行穿刺，腿部、腹部都需要进行消毒处理，这就需要将患者身上的衣裤剪掉。当时情况危急，抢救患者的生命是第一位的，两名医护人员立即用剪刀剪开患者的 T 恤和短裤，将身上扯下的衣物扔到抢救室的一个角落，之后，医护人员为患者建立体外心肺循环。当患者的生命被挽救后，大家情绪都很激动，就忘记对患者的衣物进行检查了，直接作为垃圾处理了。院方承认这是医院的失误，愿意赔偿。经过警察的调解，最终医院赔偿 1000 元。

李先生的父亲写下了收款字据：“儿子 ×× 于 2017 年 9 月 11 日因呼吸心跳停止在中南医院急救中心抢救，遗失袋内物品，要求贵中心赔偿损失 1000 元……”

很多人会想，医院将随时有生命危险的人救回来了，家属还向医院索赔丢失的财物，是不是很过分了？医院治病救人和丢失患者的财物虽然都是医务人员在治疗期间所为，但是并不存在因果关系。

医院对患者实施急救的时候，为了抢时间，剪坏衣物是比较正常的，可以理解。但是，救治后要将衣物还给患者的家属。

关于急诊室患者的衣物处理，医院是有明确规定的，因为在对患者进行抢救的过程中，需要核实其身份，衣物中的各种物品和代表身份的证件都可以作为确认的证据。所以，这些衣物是需要妥善保管的，这也是医院需要承担的责任。医院抢救了患者的生命，患者的家属表示感谢，但是，衣物以及财物丢失了，医院是要赔偿的。抢救行为和赔偿行为之间并不矛盾。在对患者抢救的时候，并不意味着不能妥善保管衣物，况且医生给患者治病是医生的职业要求，并不是给患者施与恩惠。医生为患者提供医疗服务，患者按照规定的价格交费，这些都是医务人员和患者需要做的。医务人员抢救了患者，并不能妨碍患者的合法权益。

这个事件从表面上来看，似乎医患矛盾的起因在于患者的家属，通过进一步反思，了解医院的有关规定，就可以明确这是医院管理出现问题造成的。医院抢救患者，情急之下将患者的衣服剪坏，这种行为属于紧急避险，医务人员是没有过错的。但是，将剪坏的衣服丢在一边，没有保管好衣服中的财物，也没有将衣服交给家属，而是作为垃圾扔掉了。这就说明医院对于患者的安全保障义务没有做到位，给患者造成的损失就需要做出赔偿。

从法律的角度而言，医院在处理患者的衣物上确实有疏忽，也需要承担一定的责任。但是，衣物中的财物是否存在，在没有证据的情况下，不能证明财物是在医院丢失的。无论哪一方承担责任，都需要拿出证据来，以证据为参考明确责任。关于患者衣物的处置，医院可以调取视频作为证据，确认衣物是扔在现场之后作为垃圾处置了，还是被人顺手牵羊拿走了。关于患者衣物的丢失地点确证，需要警方参与从患者发病的原始地点取证，明确是遗落在医院，还是没有到医院就已经丢失了。患者家属在维护自己权益的时候需要提供证据，而不是靠一面之词就向医院索赔。

医院抢救患者的时候都是争分夺秒的，此时的患者多是昏迷不醒的，医院就要对患者的用品妥善保管。当然，在场施救的医务人员是没有时间做这件事情的，而是要指定医院专门的人员处理患者的物品。

在这件事情中，引起医患矛盾的主要因素就是医院对患者的服务不到位，在救死扶伤的同时患者的权益没有得到很好的保护，也是医院没有对自身的权利有效维护。医院在管理上从患者的需求出发更为完善，为患者治疗疾病的时候，还要将责任分工做到细致入微，将患者的各方面需求都要照顾到，最大程度地维护好患者的利益，满足患者的需求。患者对医院的治疗服务满意了，就会与医院积极配合，接受医院的治疗，医患关系和谐，医生与患者家属之间相处融洽，医院就会更好地展开工作，对患者的康复也非常有好处。

## 下猛药——从根本上注入医疗强心剂

导致今天医患矛盾的另一个重要原因是我国现有的医疗资源仍不能满足广大群众看病吃药的需求，老百姓“看病难、看病贵”始终是重要的问题，虽然正逐步解决，但是，由于医疗资源没有合理配置，使得这个问题的解决成了持久战。

人吃五谷杂粮都会生病，生病了就要抓住医院这棵“稻草”。目前优质的医疗资源都集中在大城市，老百姓有个疑难杂症就得去大城市治疗。优质医院就那么几个，医生人数还很有限，患者看病需要排着长长的队，等了好几天还是挂不到号。老百姓都深有感触，一想到看病，最犯愁的就是挂号难。另一件犯愁的事情就是看病贵。医疗改革继续着，医疗保障体系正逐步得到完善，但对于老百姓而言，看病依然非常有压力。特别是普通老百姓家庭里有重病患者，需要长期治疗，经济上就会变得窘迫。据统计，从 2009 年到 2016 年的 8 年中，全国政府和社会卫生费用支出已超过 14 万亿元，可是农村居民的看病负担不仅没有减轻，反而在逐渐加重，那么贫困地区居民的看病负担更是可想而知了。

2018 年 8 月全国医改工作电视电话会议在京召开，李克强总理做出重要批示，强调“持续加大医疗、医保、医药联动改革力度，更有效缓解群众看病难、看病贵的问题”。 会议上提出，为了优化医疗资源配置，提高医疗服务质量，为人民群众提供优质高效的健康服务，要完善全科医生、家庭医生等基层人才激励机制，促进“互联网＋医疗健康”和社会办医发展等措施。同时，国务院副总理孙春兰在此次会议上指出，在全社会形成尊医重卫的良好氛围，就是要让患者放心医治，医生彰显价值。国家加大财政投入，薪酬制度改革，加强医院管理和绩效考核，调动医生积极性，旨在让医疗技艺精湛的医疗服务人员为人民群众提供更好的医疗服务，以此缓解紧张的医患关系。药品昂贵也是导致患者看病难、看病贵的一大因素。一部《我不是药神》的电影戳中多少观众的泪点，而会议中也指出加快抗癌药降价，国家药品集中采购试点，完善基本药物制度以及强化监督等工作，挤压药价水分，确保质量安全，制度上保障了群众利益，让大病患者吃得起药，治得起病。

坚持医疗医保医药“三医”联动，推进了基本医疗卫生制度建设，着力解决“看病难、看病贵”问题，旨在让百姓得益、受惠。

可是还有一个关键的问题，就是如何减少患者的数量？患者的数量减少了，就意味着全面健康指数提升。当全民健康状况得到改善，就医的人数就自然减少了，这也是一个“看病难、看病贵”的解决途径，而且一举两得，患病人数减少了，可以在一定程度上缓解看病难的问题，老百姓健康了，生活会更幸福。将“防病与治病融为一体”，让老百姓少生病和晚生病成了医疗发展的主题。这一发展主题得到了全社会的支持。

对此，有学者提出以建立“四合一”医共体的方式来解决城乡居民“看病难、看病贵”的问题，使民众少生病、晚生病。所谓的“四合一”指以下四种机制：让众多社区医疗卫生机构与大医院成为“一家人”（即建立非行政化、非垄断的紧密型综合型医共体）缓解居民看病难的机制；让医共体自己“点菜”自己“买单”（即采用允许参保人有选择医共体签约自由的门诊和住院医保按人头付费）缓解居民看病贵的机制；让医共体的防病与治病融为一体（即把预防保健纳入保险范畴，并将参保人的防病与治病费用打包后一道实行按人头付费），让更多的居民不生病、少生病和晚生病的机制；让医共体不仅乐于而且善于成本与质量控制（即不仅重视而且懂得建立现代化医院管理制度和应用现代移动互联网信息技术），使医共体在为居民提供质优价廉健康保险服务的同时，自身也能得到健康、快速发展的机制。

近年来，有许多地区都开始尝试建立“四合一”医共体。在具体的实践中，虽然也存在许多问题，但也涌现了不少成功的典型。可以说，为了早日让全国亿万城乡居民看病不贵不难、少生病和晚生病，这是一种非常有意义的探索。

为了更好地满足人民群众对于药品的需求，相关部门出台了一系列医药方面的政策措施。2018 年 4 月 28 日，国家药品监督管理局有条件批准用于预防宫颈癌的九价人乳头状瘤病毒疫苗（即“HPV 疫苗”）上市。5 月 2 日，重庆智飞生物制品股份有限公司发布公告称，已与美国默沙东公司签署补充协议，确认获得了默沙东九价 HPV 疫苗在内地市场的进口、经销和推广权。对于广大的女性而言，这是一个福音。

此次，九价 HPV 疫苗从制造商默沙东提出申请到批准，审批过程仅仅用了 8 天时间。相比较于经历 10 年才获批上市的其“前辈”二价、四价疫苗，说是“火箭速度”一点不为过。

许多老百姓看到这一则消息后，表示终于不用到香港接种疫苗了，可以就近注射疫苗。

新药审批过于缓慢，是多年来的老话题。一些原研药是在国外上市的，进入到中国内地需要几年的时间。这次九价 HPV 疫苗的审批程序得到优化，其中有很多的特殊因素。国家药监局“优先评审程序”和“有条件接受境外临床试验数据”的举措是快速过审的重要原因之一。九价 HPV 疫苗的快速获批，最终获益的是中国内地的患者。

九价 HPV 疫苗快速进入中国内地，老百姓在欣喜之余，对于宫颈癌的预防和治疗依然存有很多的质疑，这就需要对这种疫苗做好宣传工作，将有关的医学健康知识普及。

九价 HPV 疫苗的接种对象是 16 岁至 26 岁的女性，针对 HPV6 型、HPV11 型、HPV16 型、HPV18 型、HPV31 型、HPV33 型、HPV45 型、HPV52 型、HPV58 型等九种亚型。

九价 HPV 疫苗具有良好的预防宫颈癌效果，预防的比例超过 90%。一些女性已经接种了二价 HPV 疫苗和四价 HPV 疫苗，就犹豫是否还需要接种九价HPV疫苗。三种疫苗中需要接种哪一种疫苗是自愿选择的，但是九价HPV疫苗是否能够与其他的HPV疫苗互换使用，目前还没有获得临床数据的支持，可以保证的是这三种疫苗对宫颈癌都具有免疫性，起到一定的保护作用。二价HPV疫苗、四价HPV疫苗和九价HPV疫苗都可以选择其中的一种接种，接种完3剂四价HPV疫苗后，需要在12个月之后才可以接种九价HPV疫苗，共需要接种3剂。如果接种后有超敏反应，就不能再接种了。已经妊娠或者准备妊娠的女性，要在妊娠期结束后才可以接种。

九价HPV疫苗的接种是有年龄限制的，而且接种是有条件的，且不是完全发挥效力。需要将相关的知识在全社会普及，让广大的女性知道这种疫苗的防疫作用和所存在的局限，就可以让女性不会对这种药物产生误解，避免在就医的时候产生医患纠纷。

九价HPV疫苗并不是100%的有效，所以，当接种完疫苗之后，还要照常进行宫颈癌筛查。

九价HPV疫苗火速获批，是否意味着其他进口药审批也将提速？在国家政策的扶持下，进口药审批加快是大势所趋。

以往进口新药审批慢，问题主要出在三期临床试验上。一些在国外已经上市的新药，在国内上市仍需进行耗费时日的临床试验，再加上国家药监局负责药品审批的人手不足等原因，导致审批效率低下。

这种现象现已有所改观。2018 年 4 月 28 日，国家药监局药化注册司负责人在国务院新闻办举行的新闻发布会上给出了一系列数据：2017 年批准进口抗癌药品临床试验的平均时间 114 天，比 2014 年的 243 天缩短了 129 天；批准进口抗癌药品上市的时间平均为 111 天，比 2014 年的 420 天缩短了 309 天。尤其是 2017 年 3 月 22 日批准上市的晚期肝癌治疗新药瑞戈非尼进口批准上市时间比全球首个上市国家美国仅晚 7 个月，过去要晚 5 ~ 8 年。

这位负责人称，未来国家药监局还将继续优化审评审批流程，对于境外已上市的包括抗癌药品在内的尚缺乏有效治疗手段的严重或危及生命疾病的治疗药品、罕见病药品，申请人可免于提交进口临床试验申请，可直接以境外取得的临床试验数据提出药品上市注册申请，即“一报一批”，缩短上市时间。

2018 年 4 月 12 日，李克强总理主持召开国务院常务会议，决定从 2018 年 5 月 1 日起，将包括抗癌药在内的所有普通药品、具有抗癌作用的生物碱类药品及有实际进口的中成药进口关税降至零，使我国实际进口的全部抗癌药实现零关税。

抗癌药在中国有很大的需求。但长期以来，癌症患者和所在家庭都面临着“用不起”抗癌药的困扰，“因病致贫”的案例并不鲜见。从网络舆论可以看出，包括抗癌药品在内的一些“救命药”价格过于昂贵的话题，经常成为网络热点。从这个角度来说，降低抗癌药品关税，最终降至零关税，击中了民生的痛点，让抗癌药品价格逐步平民化，亦是最基本的人道主义关怀。今后，降低抗癌药品费用的后续措施也将陆续落地。未来，更多“救命药”将会惠及国内患者。

要解决“看病难、看病贵”的问题，还要跟得上时代的步伐。互联网是不可或缺的资源，“互联网＋医疗健康”措施落地，就是将互联网渗入医疗领域中，将整个的医疗卫生体系整合，让老百姓看病不仅便利，而且实惠。

医疗服务一体化，实现线上与线下的融合，各种医疗资源根据患者诊断和治疗的需要实现整合，信息在网络平台上共享。医院在网络平台上为患者提供医疗服务，患者足不出户就可以寻医就诊。不同的地区，医疗发展和资源分布都有所不同，网络环境下，各种优秀的医疗资源都能够得到充分利用，而且患者通过线上就诊对病情和治疗方法有所了解，在线下到医院就医就会做到“心中有谱”，可以与医生平等沟通，更能够相互理解，治疗过程也更为顺畅，有效避免了医患矛盾问题。

“互联网＋医疗健康”为医疗、医药和医保“三医联动”创造了条件。老百姓就医时不再对医院和医生持有不信任的态度，而且就医的方式也不再局限于医院，还可以实现移动端挂号、远程医疗，也可以请家庭医生对患者进行上门医疗服务，使到医院就医的患者得到分流，患者节省了看病的时间，效率高了，花钱也更少了。

引起医患矛盾还有一个因素，就是患者在看病的时候需要接受多道检查，不仅使患者的医疗消费提高了，而且，还涉及患者隐私权的问题。这些检查是正常的医疗行为，属防御性医疗，就是由于医学的不确定性特点。当然了，这种举动也会导致医疗资源浪费。

现在的患者具有很强的维权意识，对于隐私权保护极为关注，医疗服务中就要最大程度地满足患者的隐私需求。患者在就医过程中，身体隐私部位暴露出来是难免的，医院就要从患者的角度出发提供人性化的服务。比如，检查时需要身体隐私暴露，就要专设候诊区；放射科设置更衣区域等等，保护好患者的隐私。患者的病情也是受到保护的，不可以泄露。

“互联网 + 医疗健康”模式对保障患者的隐私安全非常有效。患者与医生在网络上交流的时候，不需要相互见面，患者比较安全。然而，互联网医疗给患者带来便利的同时，也存在患者的资料、治疗信息等泄露的风险。这种问题的存在也会引发医患关系恶化，患者作为弱势一方，这种情形下很难保护自己，因此如何从维护患者利益的角度出发规避这种问题是需要重视的。

# 第八章 二孩政策：促进人口长期均衡发展

中国的人口发展出现了重大的转折，人口增长速度降低，劳动力的供给也随之降低，人口老龄化越来越严重。中国多年来控制人口，获得了显著的成绩。但是几十年严格的人口控制导致了生育率的持续下降。

1991 年，中国的生育率就没有达到更替水平（更替水平指同一批妇女生育子女的数量恰好能替代她们本身以及她们的伴侣数量）；1995 年，中国的生育率不足 1.5；2000 年，中国的生育率仅为 1.22。人口的生育率一路走低，而老年人数量越来越多，可用的劳动力就逐渐减少。2010 年和 2015 年的人口普查结果显示，生育率分别为 1.18、1.05。数据显示 2010 年、2011 年、2013 年，20 岁至 44 岁的女性，平均子女人数应该达到 1.78 个、1.88 个、1.93 个为比较理想的状态，但实际生育率明显低于这个水平，只有理想水平的 50% ~ 70%。中国社会要和谐发展，人口的均衡发展是重要的条件，现行的超低生育率与社会的稳定发展是不协调的。目前超低生育率成为中国人口的常态，对于国家而言，这是一个不小的挑战。

2015 年 10 月，党的十八届五中全会中做出了具有历史意义的应对决策，会议公报宣布实施全面二孩政策，一对夫妻允许生育两个孩子。采用这个人口发展战略，目的在于完善人口结构，应对中国的人口老龄化。

## 政策变迁，老龄化困境

中国的生育政策随着社会背景与经济发展状况的变迁，经历了数次大的转折。

新中国成立之初，战争刚刚结束，百废待举。而此前漫长的战争，使大量的人口受伤、死亡、家庭离散，人口锐减，生育水平低下。新中国成立后，饱受战争之苦的民众终于可以享受家庭的温暖，原来在外征战的男性与家人团聚。这一时期，我国没有制定明确的人口政策，人口发展处于一种自然发展的状态。当时，“人民当家做主”，生活条件得到初步的改善，乡村医生队伍建设和爱国卫生运动的开展使得医疗卫生条件也有了很大的发展。因此人口死亡率显著下降，年平均人口自然增长率从 1840—1949 年的 0.26% 一下子增长到 1952 年的 2%。从 20 世纪 60 年代开始，人口开始快速增长，到了 70 年代，人口增长到达巅峰状态。

然而，快速膨胀的人口给国家的经济发展带了诸多问题。城市住房开始紧张，青少年升学受到校舍的限制，劳动力过剩让青年人的就业变得越来越困难。在这样的背景下，70 年代初，中国提出了“三个多了，一个少了，两个正好”的计划生育口号，计划生育政策开始开展起来。政策对于城市与农村的规定有所区别，在城市，对企事业等单位体制内的员工提倡晚婚晚育、少生优生，如果生三个孩子被定义为“不先进”，对工作也会有影响；而农村虽相对城市受体制束缚较少，但随着技术的普及和应用，70 年代国家卫生部在全国范围内投放的大量避孕设备、避孕器具和避孕药物取得了一定成效，城乡的生育率都有明显的下降。这一时期实行的比较柔和、自愿的生育政策相比于后来严格、强制性的计划生育政策而言，更能够有效减少社会矛盾与冲突，也较少出现“失独家庭”等社会问题。因此，很多学者认为，70 年代较为柔和的计划生育政策是有必要、有效且力度适当的，即使没有所谓严格的“独生子女”政策和强制性的计划生育政策；按照 70 年代较为柔和的计划生育政策，通过避孕技术和宣传，中国的人口同样能够在经过缓和的过渡之后下降到较低的水平——中国 70 年代以来人口变化的轨迹与世界人口变化的轨迹比较吻合也从侧面说明了这一点。

1980 年 9 月 25 日，中共中央《关于控制我国人口增长问题致全体共产党员共青团员的公开信》（文中简称《公开信》）的发表标志着计划生育进入到新的阶段，提倡一对夫妇生育一个孩子。在城市，由于单位制控制的影响，反应相对平和，然而这一政策在农村遭遇了激烈的反抗，在时间上一刀切的措施使得很多未生育或刚生第一胎的夫妇感觉不公平，尤其是在当时的生产力和社会保障条件下，如果只能生一胎，仅生了女孩的家庭将会面临生产生活与养老的双重危机。因此，1984 年中央办公厅对《公开信》的倡议进行修订，针对大部分农村开始实行“一孩半”政策，如果第一个孩子是女孩，允许生第二个；对少数民族地区也有一定程度上政策的放宽。而就政策效果而言，虽然国家动员了很多人力物力财力，但是据学者的研究显示，在全国性的独生子女政策在农村放宽到“一孩半”政策的时间节点，农村出现了大量补偿生育，1984 年、1985 年等个别年份甚至出现了生育水平的反弹。强制性的计划生育效果并不如预期。

进入到 90 年代，计划生育仍然坚持 1984 年以来的人口和生育政策，但是这一时期开始实行在地方政府考核方面的计划生育一票否决制，计划生育的成果成为考核地方官员政绩的关键标准，一旦计划生育任务完成不好，其他政绩也被一票否决。因此，从政府管理的角度来说，90 年代政府对计划生育的控制是在增强的。此外，1994 年在开罗举行的世界人口大会倡导保护女性的生殖健康和生育自由，此时计划生育发生了一定的转变：在抓计划生育的同时，也强调保护女性的生殖健康，保护、尊重女性的权利。

随着 1992 年以来中国进入低生育水平，中央的指导开始转向“继续稳定低生育水平”，2000 年以后，各地的计划生育政策基本不变，直到2014年开始实行单独二孩政策，2016年年初开始实行全面二孩政策。

计划生育政策实行以来，对国家经济和社会发展起到了许多积极的作用。

第一，它使中国实现了人口再生产类型的历史性转变，控制了人口的过快增长。我国的人口生产类型在计划生育实施后，由高出生率、低死亡率、高自然增长率转变为低出生率、低死亡率、低自然增长率，走完了很多发达国家几百年才能走完的路。

第二，它降低了人口抚养比率，生育率下降减轻了社会负担，促进了社会、经济的发展。1982年中国的劳动负担系数为62.74%，而2009年为27%，劳动负担的降低提高了劳动生产率，降低了生产成本，从而为我国经济的发展创造了难得的人口红利。我国过去30年高速的经济增长得益于人口红利，人口红利是促进中国经济增长的重要源泉，是造就“中国经济奇迹”最重要的因素之一。

第三，减轻了对资源、环境的压力。在一个人口众多且不断增长、资源相对不足、生产力水平低下、尚不能解决温饱的中国，去实现节约资源、保护环境的发展模式是一件很难实现的事情。为实现经济的发展和综合国力的提高，选择粗放型的经济增长模式是不可避免的。这种结果带来了环境污染严重，资源的消耗过大等问题。实行计划生育有效地减轻了人口对短缺型资源和生态环境的压力，给子孙后代预留了比较充分的生存和发展空间。

第四，人口素质得到了很大提高。计划生育以来，我国持续控制人口数量与提高人口素质、改善人口结构相结合，受教育机会不断增多。1982 年小学以上的教育在总人口的比重为 60.4%，1990 年增长到 69.8%，2000 年增长到 84.2%，文化素质和身体素质持续提高，高学历层次在总人口中所占比重持续上升。

然而，计划生育政策尤其是独生子女政策的实施，也给中国社会带来许多问题。

“一对夫妇只生一个孩子”政策的实施，造成了独特的“独生子女问题”。经过两代独生子女政策之后，中国的家庭结构出现了一个漏斗型的状态，呈“四二一”结构，即四个老人，中间是一对小夫妻（第一代独生子女），下面是一个孩子（第二代独生子女）。当第二代独生子女结婚之后，他们一个人面对 6 个老人，小两口就要面对 12 个老人。这对年轻夫妇来说是非常沉重的负担。与此同时，国家的养老负担也在日益加重。独生子女家庭抵御灾害的能力相当脆弱，家庭的脆弱也造成社会的脆弱，“失独家庭”的痛苦牵动着全社会的心。另外，独生子女个性上的骄纵与自私，独生子女语境下传统亲属称谓的缺失，都成为全社会关注的话题。

另外，计划生育降低了出生率，使少儿人口的比例减少，老年人口的比例逐渐增加，加速了我国人口老龄化的进程。

人口老龄化是现代化进程的必然结果。人口老龄化普遍发生于世界各国，21 世纪可以说是人口老龄化的世纪。2005 年，全球 60 岁及以上人口占总人口的比重超过 10%，意味着全球在总体上跨过了老龄社会的“门槛”。其中，发达国家早在二战结束时就已迈入老龄社会，此后老龄化程度不断提高；发展中国家尚未全部迈入老龄社会，但老龄化速度进入 21 世纪后快速提升。根据联合国预测，目前世界上人口结构最年轻的国家也将在 21 世纪末步入老龄社会。可见，人口老龄化并非某个国家或地区的局部现象，而是发生于整个人类社会，并将在较长时间内持续存在的普遍现象。

同世界其他国家相继步入老龄社会一样，我国人口老龄化也是现代化进程的必然结果。我国人口年龄结构由“年轻型”向“老年型”的转变始于 20 世纪 70 年代后期。到 20 世纪末，我国正式迈入老龄社会。改革开放以来，我国经济社会快速发展，医疗卫生水平不断提高，降低了死亡率、延长了人口寿命，老年人口的绝对规模明显扩大。计划生育政策带来了出生率下降、少儿人口规模减少、老年人口比重提高，我国老龄化速度不断提升。中国作为老龄化速度最快的国家之一，人口年龄结构从成年型转为老年型，仅用了 18 年的时间，而在发达国家则需要几十年甚至上百年才能完成。

截至 2015 年年末，我国 60 岁及以上老年人口数量达到 2.2 亿人，居世界首位，占世界老年人口总量约 1/4。21 世纪前半叶，我国老年人口规模将持续攀升。

快速老龄化进程与劳动力总量减少并行，劳动力年龄结构老化给经济持续健康发展带来挑战。随着老年人口规模的扩大，我国劳动年龄人口总量自2011年达到峰值后便开始逐年缩减，劳动力年龄结构也开始老化。这不仅加重了劳动年龄人口的养老负担，也深刻影响着我国过去以劳动密集型产业为主的经济发展方式。

正是在这样的背景下，我国的生育政策才做出了巨大的调整。调整生育政策不仅有其重要性，同时更有其必要性。

## 观念转变，不再当成一种福利

然而，自2014年计划生育调整至单独二孩和全面二孩以来，实际成效却远不如预期。

2016年我国新出生人口1786万人，比2015年的1655万人只多了130多万人，距离专家预测的2000万人以上人口出生预期还有很大差距。专家对此的解释是才开放一年，大家在心理和情感上还没有准备好，到了2017年出生率自然会大大增加。

然而，2017年全国出生人口数量和人口出生率双双下降。同时老龄化程度继续加大，60岁以上及65岁以上老人占总人口的比重都有明显上升。2017年是全面二孩政策实施的第二年，根据迟滞效应，一般判断2017年出生人口数量会明显高于2016年。但从国家统计局公布的数据来看，2017年出生人口比2016年的1786万人减少了63万人。人口出生率也同样出现了下降。2017年全国人口出生率为12.43‰，2016年这一数据为

12.95‰。根据统计，在2017年的出生人口中，二孩占50%以上，比2016年提高了10个百分点，这意味着中国一孩出生数量大幅下降。如果不是全面二孩政策带来一些增量，中国出生规模下降幅度会更大。

2015年10月30日，卫计委副主任王培安曾在解释全面二孩政策时指出，全国符合全面二孩政策条件的夫妇约有9000万对，预计政策实施后的几年中，中国出生人口总量会有一定程度的增长，最高年份的出生人口预计超过2000万人，到2030年全国总人口将达到14.5亿人。不过，“全面二孩”政策实施两年来，出生人口均未超过1800万人，低于国家卫计委针对2017—2021年全国出生人口数的预测。

其实，不需要国家统计局的统计数据，我们在日常生活中也能够感受到二孩全面放开后，许多符合生育条件的适龄夫妻都坚定不移地选择了不生。“国家不让生我就不生，让生我就生”的时代已经过去了。

犹记得刚开始推行计划生育时，政策推行所遭受到的强大阻力，很多夫妻宁可扒房子牵牛倾家荡产也要多生。这和今天大家面对调整后的生育政策的冷静形成鲜明的对比。

为什么现在的育龄夫妻不再把二孩全面放开当成一种福利呢？这其中有方方面面的原因。

第一，随着社会经济的变化，国人的婚姻观、生育观发生了转变。回顾发达国家的发展历史，可以发现，整体社会经济水平越高，物质生活条件越好，往往人们生儿育女的欲望就会越低。而且，不仅是生二孩的欲望低，甚至连一孩都不想生。从我国的文化传统来讲，生育的前提一般来说是婚姻，近年来，晚婚、不婚的趋势越来越明显，“男大当婚、女大当嫁”，这一中国传统理念正悄然发生变化。民政部数据显示，2018 年第一季度全国的结婚人数 301.7 万对，同比下降 5.7%，其中上海、浙江、天津等经济发达地区结婚率普遍较低。如果与 5 年前同期结婚人数的高位 428.2 万对相比，2018 年一季度已经下降了 29.54%。也就是说，现在的许多年轻人，甚至连婚都不想结了，更遑论生育了。即使是那些步入婚姻殿堂的年轻夫妻，他们也更注重生活质量以及彼此之间感情的培养，而不再把生儿育女、传宗接代当作是婚姻的必然选项。

第二，一些“专家”错误估计了潜在生育二孩家庭的“生育意愿”与“生育结果”之间的差别。事实就是，口口声声在调查中表示“愿意生二孩”的那些家庭，因为各种各样的原因，有很多都没有或无法落实到行动上。“年龄不等人”，女性生育年龄的推迟就是一个关键因素。生育能力随着女性年龄增长而自然下降，一般认为女性的生育能力在 25 ~ 29 岁时最强，从 30 岁开始就逐渐下降，35 岁之后下降速度加快。在一些经济发达地区，晚婚趋势非常明显，以江苏省为例，2017 年女性平均初婚年龄为 34.3 岁，而 2012 年为 29.6 岁；通常结婚后 2 年生一孩已经 36 岁，二孩要再过 2 ~ 3 年已经 38、39 岁，可想而知二孩生育的难度有多大。

第三，养老观念与方式在过去的几十年间发生了巨大转变。

从前，生儿育女的一项重要功能就是为了“养儿防老”，即为自己的老年生活上一道保险。然而随着养老保险的普及以及社会保障体系的日益完善，靠子女养老已经成为历史，依靠制度和年轻时的财富积累养老才是主流。

第四，随着女性受教育程度的普遍提升，女性对于生育的态度更为谨慎。在漫长的历史时期里，生育被认为是女性的天职、女性人生的第一要务，不孕育儿女的女性是要受到强大的社会舆论压力的。孩子出生后，照看抚育的责任似乎也天然地分配给了女性。然而生育孩子对于一个母亲生活状态的改变要远远大于对一个父亲生活状态的改变：从孩子的孕育到生产再到抚育，女性的身体和精神都承受着巨大的压力和风险，并且这个过程中，必须要暂时中断工作和事业的发展；对于男性来说，他们所承受的压力及付出的代价会相对较少一些。随着社会经济结构的改变以及女性经济地位的提高，女性对待生育后代的态度都更为理性，对于自己生育与否、生几胎也更有决定权。对于整个社会来说，培养女性人才付出的成本与培养男性人才的成本是一样的，然而如果大量的人才都为了二次生育而中断或者放弃参与部分社会经济活动，而不能充分发挥她们的才干，那么那将是对社会资源的一种巨大浪费。女性意识的逐渐崛起，也让越来越多的女性更注重事业的发展以及个人价值的实现，女性不再是“生育工具”，价值判断的标准也更为多元化。这些都间接地导致了二孩政策遇冷以及生育率的走低。

第五，使全面二孩政策遇冷的最重要原因，我们每个人都有所体会，那就是高昂的生育成本带来了巨大的经济压力。也许你也曾经听身边的人抱怨过“想生却生不起”。

生养一个孩子到底有多贵？一般的家庭能说生就生吗？曾经有网友计算过中国十大城市的生育成本，数字实在惊人：从出生到上大学，北京、上海、深圳、广州等一线城市一个孩子的生育成本高达200万元以上。一线城市的情况可能对于全国其他地方来说偏高，但是在任何一个地方花费也不低。

一、怀孕到出生：2.5万元～32万元

生育成本包括生育前准备成本、生育时期成本和产后护理成本三部分。生育前花费包括领准生证、怀孕建卡、营养品、购置“待产包”、产前诊断检查、特别项目检查等，成本大致在6600～12900元。

在分娩生产阶段，需要支付的费用是药费、床位费、护理费、检查费、手术费和其他治疗费等等，合计3000～4000元。如果选择较为昂贵的私立妇产（妇儿）医院，则还需支付会员费、独立病房费、专职医护人员费等高价服务费，总花销在4万～14万元不等。

综合来看，花费总计大致分为三种类型：第一种为满足最基本的开支需求，不额外请月嫂照顾的基础型，大致需要2.5万元；第二种为产前检查更加全面，月子期间会请月嫂照顾的中等型，大致需要9万元；第三种为产前检查及生育期选择私立医院提供专门服务的奢侈型，32万元以上。

二、婴幼儿阶段（0 ~ 3 岁）：5.54 万元左右

这个阶段孩子非常脆弱，需要悉心照顾，每天都要喂好几次奶粉，所以 0 ~ 3 岁的婴儿，饮食方面与穿着方面是最耗钱的。如果宝宝不生病，0 ~ 1 岁的阶段，奶粉钱加衣物等，每个月合计约 1800 元，周岁内最少要花 21600 元左右。1 ~ 3 岁，买各种早教资料及玩具，合计约 5000 元。生活加衣物等，每个月约 1200 元。那么加起来，1 ~ 3 岁期间共计花费 33800 元左右。婴幼儿阶段，总体花费大约在 5.54 万元。

三、学前阶段（3 ~ 6 岁）：12 万元左右

孩子开始上幼儿园了，教育费用开始占据主要位置。这个阶段孩子已经开始吃五谷杂粮，身体依然还很脆弱，会时不时地生病，因此这个年龄段的孩子医疗费用相比于婴儿阶段还要高一点。一线城市普通幼儿园一年托管费最少也要 2 万元，生活费、其他杂费等一年也要 2 万元左右。这样算起来，孩子学前阶段花费大概在 12 万元。

四、小学阶段（6 ~ 12 岁）：18.5 万元左右

现在我国实行义务教育制度，虽说不用花学费，但择校费和培训费加起来，最少也要花 5 万元。其他的费用，如书本费、手机等，一年需要 2500 元左右，小学六年大约需要 1.5 万元。衣物和生活费，平均一年 2 万元左右，六年下来，总共 12 万元。因此，小学阶段，总花费大概在 18.5 万元。

五、初中阶段（12 ~ 15 岁）：10.8 万元 ~ 16.8 万元

初中也属于义务教育阶段，因此免学费，固定收取的杂费

也不高。如果是公办的，一学期杂费500元左右，三年3000元。学校内的补课费、兴趣班费、伙食费一学期在5000元左右，三年3万元左右。在初中阶段置办学习用品的花费要5000元左右，这样算下来，孩子在初中阶段学习上花费要3.8万元左右。

除了教育上的费用，还有饮食、服装和出门游玩的费用，这三年孩子在生活费用上大约要花费2万～3万元。此外，许多城市上初中需要进行“择校”，这样就会产生一笔赞助费，5万元～10万元不等。

总的算下来，孩子初中三年，如果不择校，总花费5.8万元～6.8万元；如果择校，要10.8万元～16.8万元。

六、高中阶段（15～18岁）：6万元～20万元

如果孩子中考顺利，考上了公办重点高中，那么一般每学期学费只要1200元～1500元，三年下来，学费在7200元～9000元；如果选择寄宿，2000元一学期，三年合计1.2万元左右。

高中的学习竞争更为激烈，因此学生可能要参加各类校内校外的补课，三年也要好几千元，甚至上万元。高中生对电脑等电子产品的兴趣和需求，也比初中孩子要高，为此即便是家庭条件最差的，也要花掉五六千元给孩子买电脑等物品，有些家庭更是不吝支出，完全满足孩子的要求。总的计算下来，高中三年，孩子身上的总花费为6万元～20万元。

七、大学阶段（18～22岁）：7.4万元～13.8万元

一般的孩子考上大学后，一学期学费、住宿费6000

元～16000元，四年下来2.4万元～6.4万元；杂费、生活费一个月1000元～1500元，加上学校与家乡之间的往返路费和旅游的费用，四年需要5万元～7.4万元。大学四年，总体花费为7.4万元～13.8万元。

如此算下来，按照基础标准，从怀孕到孩子大学毕业，一个家庭在经济上至少要支出62.7万元左右。当然这还没有将物价上涨、通货膨胀、经济变动等因素考虑在内，实际的支出可能要比这多得多。

生育一个孩子况且如此，更遑论两个。如今，高额的房价，不断上涨的生活成本，已经让无数处在生育年龄的青年人不堪重负。如此高昂的生育成本，让许多年轻的夫妻“不敢生、不能生”。

第六，配套制度及设施的不完善，也是让许多夫妇对新的生育政策望而却步的重要原因。孩子在婴幼儿时期的照看问题便是其一，目前我国的妇女产假最长不过180天，实际上远不能满足看护孩子的需求。现在的情况是大多数的家庭，都是由夫妻双方的父母也就是孩子的祖父母来帮忙照顾。然而看护婴幼儿是一项非常劳心劳力的工作，许多老年人辛苦一生终于退休在家，本以为可以安享晚年，却要看完一孩看二孩，体力和精神上已经无法负荷，同时也造成了许多家庭矛盾。其二，从法律上来讲，男性的陪产假制度仍旧非常不完善，具体实践中，要么是时间非常短，要么根本是一纸空文，使得许多父亲在育儿过程中缺位现象严重。其三，托儿所、幼儿园等育儿机构资源也十分匮乏。公立幼儿园太少，私立幼儿园太贵，幼师流失率高，办学质量参差不齐，不时上新闻的幼儿园虐童事件、问题疫苗丑闻……为了一孩的看护、教育、医疗等问题焦头烂额的年轻父母，一想到如果生二孩会再经历一次这种痛苦，也就勇气顿失了。

## 直面问题，攻坚克难

强生育控制、低生育意愿和高生育成本等制约二孩生育的因素早已驱使中国进入持续稳定、内生性的“低生育陷阱”。如果再不让生育回归家庭、推动生育自主，势必加剧中国低生育的严峻形势，为中国未来的社会、经济和人口安全都埋下了很大的隐患。

其他国家和地区在应对低生育的人口状况时所积累的经验对中国的人口与生育政策发展有深刻的借鉴意义。新加坡、泰国、韩国等都曾有过适应计划生育政策而后废除的历史，而造成上述国家和地区转向生育自主的主要原因就是发现人口低于更替水平。在许多国家中对低生育率的认识以及政策应对都有一个时间差，在大多数国家，从认识到这一问题，到真正改变政策均存在着 10 ~ 15 年的滞后，在人口政策方面我们应该认识到人口变动的内在规律，即人口惯性。就中国而言，由于体制障碍以及对低生育水平认识不足的长期干扰，自 1992 年以来，我国人口处于更替水平以下已经持续了26年之久，因此人口现状也较为严峻。

更何况，即使放开生育，中国的人口问题陷入“低生育陷阱”的风险仍然存在。放眼世界，西班牙、意大利等欧美发达国家的生育水平长期处于很低的状态，实行鼓励生育的政策，然而即使是丰厚的物质补贴和陪产假等多方面的努力，上述国家的生育水平仍显低迷，生育率并无显著提升。因此，就中国而言，我们也完全可以推断，在二孩政策遇冷的状况下，放开计划生育、实行生育自主，乃至鼓励生育，很可能都会面临生育率仍旧疲软的状况。正如费孝通先生在《生育制度》中所传达的观点，生育意愿和数量与生育目的有关，当社会分工日益优化，社会保障越发完善，生育的目的不再是保证家庭生产的劳动力供应和养老，而仅仅是为了人生更完整时，中国特有的男孩偏好文化事实上已经随着时代的变迁而大幅减弱，多年前为生男孩而生很多孩子的情况早就不复存在了，因此生育率不会再反弹到很高的水平。同时，随着妇女地位和受教育水平的不断提高，晚婚、不婚现象也愈来愈普遍，而非婚生子女目前在我国还得不到法律承认和保护，在这种背景下，无论是生理年龄还是心理层面的生育意愿都不会允许女性生育很多子女。研究显示，如果已婚人群的生育水平能够达到平均每个家庭1.6个孩子，那么加入不婚的人群共同计算，生育水平会下降到1.1、1.2。日本已经出现了类似的现象。

在借鉴发达国家之余，同样也应当考虑中国的国情。美国人口学家摩根认为，相比于欧美发达国家，生育水平低于更替水平在中国更加棘手也更加危险，因为作为发展中国家，中国的生产和职业结构与发达国家相比仍然有着很大的不同。生产性部门占主导的经济结构需要年富力强的劳动力支撑，低生育水平则会使得发展中国家的青年劳动力数量下降，即使实行积极的老龄化政策，发展中国家的老年人也无法获得如欧美日等发达国家所提供的经验性、非生产性的职位，这种情况下，劳动力短缺不仅会造成社会经济危机，社会福利、教育等社会保障和社会政策也与人口结构不匹配，最终影响我们现代化强国发展目标。

此外，长时间、超过一代人的计划生育使得中国的计划生育改革存在结构和认知上的双重障碍。从人口学的解释来说，生育水平的下降不仅与结婚率、晚婚率有关，同时也与育龄人口的不断减少有着不可分割的联系。自 70 年代初计划生育开始实施以来，计划生育政策下出生的女性早已经逐渐取代了上一代成为育龄妇女的主体，因此代际之间育龄妇女在明显下降，所生育的孩子数也随之减少，即使调整或放开计划生育的政策有效果，因为育龄妇女基数的变化，生育率的减少幅度也会比政策增加孩子数剧烈得多。而从社会学的解释来说，成长于少子化的人口环境下的一代人必然受到来自社会的影响，在社会化的过程中相对更偏好或无意习得一种少子女的文化，从而使其生育意愿和生育行为降低。而面对“计划生育既然无效，何来取消”的质疑，事实上，计划生育政策对生育水平的积极作用几乎随着历史发展消失了，而保留它的负面作用却仍然存在，三十多年的计划生育让很多人将人口视为国家社会经济发展的负担，甚至因此而打消生育的念头。也正因如此，计划生育的放开同时应伴随着对人口与生育积极正面的宣传，扭转多数民众仍然坚持中国“人太多”的观念，使其认识到适度生育对于家庭、社会、国家发展的重要性。

从根本上来讲，取消限制生育已经成为解决中国人口问题的题中之义。自 2014 年以来的单独二孩政策和 2016 年初的全面两孩政策，效果都很不明显，因此反对者所担心的生育反弹几乎不可能发生。早在 2008 年，有关专家通过 20 世纪 80 年代中期实行二孩政策的四个试点地区多年来保持人口的低增长，总和生育率小于 2，低于相近条件下执行“一孩半”政策地区的调查研究，已经证明了适当调整人口政策不会带来反弹。而在人口结构、社会经济状况、生活高成本和社会观念都趋向于少子化的今天，甚至取消限制生育、让生育回归家庭也无法保证取得明显的效果，这更显示出“低生育陷阱”的棘手之处。事实上，全面二孩政策应该成为生育政策调整的中点而非终点，完全放开计划生育已然是大势所趋。

如果完全放开计划生育，中国的总和生育率仍然低迷，则需要实行鼓励生育的政策，同时实行与鼓励生育相配套的社会制度安排。

目前，我国虽然已经“全面放开二孩”，但实行的仍然是一种有限制的生育政策和制度，仍然是计划生育。具体表现在生育时需要办理生育审批，对待不符合政策的生育行为征收社会抚养费，仍然存在“超生开除”等处罚措施。例如，《广州市人口与计划生育服务和管理规定》第二十七条规定：“国家机关、事业单位、国有企业、国有控股企业、乡镇集体企业对其超生职工应当给予开除处分或者解除聘用合同。”许多学者和各界人士呼吁，鼓励生育的前提应该是取消生育限制、全面放开生育。因此，应该从政策制度上废除那些限制生育甚至惩罚生育的条款和规定。

育龄女性的各项权利也应该得到更好的保障，让女性能在“生”的时候，不必担心其求职与职业升迁受到影响。应该对产假做更为细化、更为人性化的规定并严格执行，除了延长女性的产假时长外，也应该推动男性陪护假的实施与落地，使女性在就业市场上拥有与男性一样的自由和权利。例如，在被视为欧洲生育“高地”的瑞典（2016 年生育率为 1.85，在欧洲国家中位列第二，仅次于法国的 1.92），一个值得一提的经验在于产假体现了“男女平等”的理念。为鼓励父亲多休陪护假，瑞典社会保障部门专门设立了“平等奖金”。在休够规定的 60 天产假后，父亲每多休 30 天，可领取 3000 瑞典克朗（约为 2250 元人民币）的“平等奖金”。经验表明，在新生儿父亲陪护假和父母育儿假制度中融入家庭角色的性别平等观念，通过法律规定父亲的家庭责任，不仅能促进男女两性职场中的机会平等和家务劳动中的责任分担，而且有利于消除就业性别歧视。

优化公共卫生服务体系，为更多婴儿的出生做好基础设施方面的准备。大量潜在的新生儿，对中国本来就甚为紧张的医疗卫生资源提出了更高的要求，尤其是相当一部分基层妇幼保健机构的技术服务以及硬件设备还不足以完成这一挑战。整体的婴幼儿医疗服务体系需要得到改善。另外，在公共设施方面，应该积极推动在公共场所如商场、公园等设立母婴室、母乳室，将人行道、过街天桥等设计为更方便婴儿车通行的形式。

高龄产妇的风险防治也是需要重点解决的问题。对于高龄孕妇来说，发生妊娠合并症如慢性高血压合并症、糖尿病、肾病甚至是癌症的发生几率也会随之增加。从心理方面来看，高龄产妇普遍会担心能否安全妊娠及分娩，担心胎儿及新生儿的健康，这种担心往往成为一种心理应激源，即这种刺激可通过神经体液等中介机制制约全身各系统及器官功能，直接影响产妇的心理健康。因此，医疗卫生机构、医务人员等都应该对相关问题高度重视、全面认识，进行相关知识、应对策略的培训，充分配备应急措施器械、药物等，对可能遇到的紧急情况做到果断、正确处理，做好再孕评估，重视孕前及孕期检查，对产妇进行充分的心理指导等。

在“育”的方面，应将养育成本尽可能外部化，减少年轻夫妇的负担，全面解除家庭生孩子的顾虑，努力消减生养给家庭所带来的从经济到精神方面的巨大压力，建立健全生育与养育成本的社会补偿机制，尽量使国家与社会在孩子生养方面承担更多责任，例如，在个税方案设计时，根据孩子数量对其父母进行一定的税收减免等。有专家建议，考虑到不同地区和人群之间存在很大的收入差距，对二孩家庭应该采取个人所得税减免和现金补贴并重的方式，对高收入家庭通过孩子人头抵税的方式减免个人所得税，为了提升生育率并整体降低财政压力，可以在二孩政策实施的当下仅对第二个孩子实行抵税，等到全面放开之后再对第三个乃至更多孩子实行，而孩子抵税所减免的金额以每个孩子每年累计到10万元封顶。此外，还可以借鉴韩国的做法，对多孩家庭购买汽车减免使用税。韩国政府在2010年审议的《地方税法修正案》规定，养育3名及3名以上未满18岁子女的家庭及养育者，在购买汽车时将享受减免使用税及登记税的优惠政策。由于收入较低者不需要缴纳个人所得税，所以减免税收不适用于低收入家庭，对于这些家庭，可直接发放现金补贴。

而在“教”的方面，则应准备好婴幼儿托管，直至义务教育及以上的公共教育服务资源，减少由于资源紧张而造成分配不均的可能，减少父母的后顾之忧。大量年轻人不敢生育二孩的重要原因之一是，看护孩子的时间和精力成本高昂，这特别体现在孩子入托、入幼、入学的困难上。尤其是未满三岁孩子的托儿服务严重缺乏。卫计委的数据显示，0～3岁婴幼儿在我国各类托幼机构的入托率仅为4%。如果要把0～3岁的入托率提高到50%左右，那么政府有必要直接或者牵头兴建幼托中心，有关学者给出建议，应兴建10万个幼托中心。

另外，目前我国的幼教师资缺口比较严重。按照2013年教育部印发的《幼儿园教职工配备标准（暂行)》，全日制幼儿园的教职工与幼儿的比例需达 1∶5 至 1∶7。然而数据显示，2016 年我国幼儿园教职工为 381.8 万人，师生比约为 1∶12，若要达到 1∶7 的目标，需新增幼教职工 248.8 万人，中国幼儿园的教职工配备标准离要求仍相差甚远。因此，我们需要提高幼师待遇，以吸引更多优秀人才从事幼教行业。

在很多大城市，外地户籍就业者已经占到工作人口的一大部分，但不少城市却是根据户籍人口规模来规划配置教育资源，导致了非户籍孩子入幼、入托、入学的困难。重物轻人的城市化，更让许多农村孩子成为留守儿童。虽然很多外地户籍人口在大城市工作和缴税，但他们的孩子却不能享受同等的教育福利。其后果是，不少到了结婚生子年龄的年轻人，面临着要么离开城市，要么让孩子回乡成为留守儿童的两难选择。不少人也被迫推迟生育计划，甚至放弃养育小孩。因此，应该取消各地非户籍人口的入学限制，只要是中国公民就可以在任何城市获得义务教育，让外来人口真正留在城市生活，并让他们的孩子方便地就近入托、入园、入学，不仅是促进经济社会可持续发展的必由之路，也是提升生育率的重要措施。

非婚生育小孩的平等权利也需要得到保障。随着女性教育水平和职业发展的提升，很多职业女性不愿或者未能婚配，导致各国的结婚率在逐年降低。尽管北欧国家的结婚率低于中国、日本等东亚国家，但由于有 40% ~ 60% 的孩子来自婚姻以外，所以北欧国家仍能维持比东亚国家更高的生育率。毫无疑问，我们并不鼓励非婚生育，但认为那些有能力和意愿去独立抚养小孩的女性，也应该公平地享受生育的权利和福利。因此，在法律和法规上应该去除任何对非婚生育的歧视，充分保障非婚孩子的合法权益。

最后，使人民认识到国家的持续发展、每一代人口的持续发展都离不开合理的生育相配合，最终营造一个生育友好型的社会。

中国社会经济的发展与人口增长息息相关，二孩政策的及时实施对中国未来发展有着难以估量的影响。但任何事物的发展过程都不是一帆风顺的，二孩政策仍处于雏形状态。国家和个人都应做出努力，共同推动政策的顺利实施。国家应根据国情，结合现阶段的实施情况进行研究分析，并推行有关政策，对有二孩的家庭予以支持，适当地发放福利，积极响应二孩政策，满足人民生活质量的同时积极地促进国家经济的进一步发展。而个人家庭应努力平衡好孩子们教育，注重孩子的身心健康发展。在提高人口数量的同时，注重人口素质的提高和人口的可持续发展，逐步完善政策，促进人口长期均衡发展，加强理论和实践的结合，使得人口红利更好地释放。

# 第九章 精准扶贫：把焦点放对

精准扶贫是针对粗放扶贫而言的。中国作为农业大国，扶贫工作是一场持久战，农民人口众多，农民的生活不富裕，国家怎么可能真正地富裕起来呢？中国的改革开放让一部分人先富起来了，但是，要达到最终的全国人民共同富裕，就需要先富起来的这部分人带动还没有富起来的人。改革开放的初期，邓小平就已经提出了让全国人民共同富裕的指导思想：让一部分人先富起来，先富带动后富，最终实现共同富裕的发展目标。40 年过去了，改革开放获得了显著的成效，确实有一部分人先富裕起来了，但是，先富起来的人只占小部分。由于收入上的差距，以及资源分配的不公平，就会导致贫富差距逐渐拉大，社会矛盾也会随之产生。中国要持久健康地发展，就要化解矛盾，进而消除矛盾，促进社会和谐稳定发展，中国发展的步伐也会不断加快。

多年以来，中国对于“三农”问题都是非常重视的，社会主义新农村建设的进度很快，并获得了显著的成果，特别是党的十八届三中全会以来，推动绿色农业发展，建设美丽农村成为现阶段农村发展的主要任务。绿色发展不仅要靠国家，更要靠自己，脱贫是实现农村绿色发展基本的前提。2013 年 11 月，习近平总书记到湖南湘西考察，做出“实事求是、因地制宜、分类指导、精准扶贫”重要指示。打好扶贫攻坚战，地方要优化整合扶贫资源，实行精准扶贫，确保扶贫到村到户。精准扶贫，就是在扶贫开发工作中要做到科学谋划，扶贫对象精确识别，帮扶工作要有针对性。换句话说，精准扶贫主要就是针对贫困居民而言的，就是谁贫困就扶持谁，要改变之前粗放“漫灌”的扶贫方式。

## 摆脱惰性思维，精准“摘帽”

国家倡导精准扶贫，帮助贫困群众摘掉贫困这顶“帽子”。但是在部分群众中也存在一种不可思议的现象，就是困难群众更愿意“贫困”下去，害怕摘掉这顶“帽子”。于是在一些地区就会有群众常说起一句话：“有儿有女，不如有政府的金牛卡。”政府扶贫的本意是让贫困户享受到党的优惠政策，将贫困户扶持起来让他们有能力自主生存和发展。也许这些贫困户是因为长期享受扶贫优惠待遇，产生了依赖心理。

贫困户有了政策的帮助，对生活产生了满足感，特别是得到国家资金的支持，自己可以衣食无忧地生活下去。如果“摘帽”了，就没有国家资金的支持了，又将为生活奔波。这就说明，扶贫工作重视的仅仅是物质扶贫，没有改变当地的环境，困难群众的思想也停留在困难的层面上，已经形成思维定式。所以，让困难群众脱贫，仅仅停留在物质和资金上的扶持是远远不够的，还需要改变农村的社会环境，重视文化宣传，让困难群众对自己的生活有更美好的愿望，为实现愿望而不断努力。一旦困难群众的生活有了目标，就可以搭着扶贫的“手”前行，直到找到自主生存的道路，摆脱“贫困”这顶帽子。

中国要实现全面小康，扶贫工作是一场攻坚战。帮扶干部走入农村，慰问农户，对贫困家庭嘘寒问暖，给予爱心帮扶，帮助他们摆脱贫困。当地的政府会给贫困家庭发放各种物品，还会给予资金上的扶持，在各方面都会优先照顾。政府的扶贫举动让贫困家庭得到政府的照顾，好像“天上掉馅饼”一样。久而久之，一些贫困家庭就产生了依赖心理，会觉得如果脱贫了，政府就不会扶持了，于是就有了“我除了种地养牛，别的啥也不会”的口头禅。这些贫困地区有劳动能力的群众也对脱贫没有积极意识，而是观望政府会不会有更大的动作，让自己享受到更好的待遇。

其实，即便是偏僻山区的贫困群众，他们也许世世代代在这片土地上生存，过着清贫的日子，可能已经习惯了这种生存方式，也没有去过外面的广阔天地，但是，可以相信一点，他们也是有追求的。他们也希望过上富裕的生活，住上好房子，否则，就不会告诉自己的子女：一定要好好学习，一定要走出这个贫困地区，过上更美好的生活了。只不过他们美好的愿望一直没有条件实现，这时候政府的扶贫政策出台了，贫困群众们盼望的奇迹终于发生了。贫困群众尝到了扶贫的甜头，享受着各种扶贫优惠待遇，对生活产生了满足感。被政府“养”着，不需要担心吃不饱、穿不暖了。

扶贫本是一件好事情，是为贫困群众创造条件让他们能自主生存，没想到却扶持出了一些“赖贫”群众，而且逐渐形成一种社会现象。这些“赖贫”群众究竟怀有一种怎样的心理？我们姑且总结一下。

“赖贫”群众想方设法维持在贫困状态，他们没有把心思放在“致富”上，而是放在“等、靠、要”上，让自己继续接受扶持，过着“衣食无忧”的生活。通常“赖贫”群众包括两种人：第一种人是等着别人的扶持，每天闲来无事晒太阳，盼望着不用劳动就能过上小康生活；另一种人则是“脱贫不退贫，脱贫不摘帽”，老想着政府的“扶贫车”太方便了，有“便车”何不搭一搭。

“赖贫”成为社会上的一种怪现象，“贫困”成了“摇钱树”，如果被定为“贫困户”，就等于走上了财富之路。对于这些人而言，当上贫困户是何等光荣的事情，不仅能得到政府的关心照顾，还可以享受政府的扶持津贴。所以，这些人走到哪都说自己“穷”，遇到领导干部就说自己“穷”，对于如何让自己走出贫穷的生活状态，想都未曾想过，目的只有一个，不愿意被政府“抛弃”。

万事皆有因，“赖贫”绝非天生而来。如果一个人对生活有积极意识，没有条件可能无计可施，可是政府创造了条件，为什么不利用条件走上自己致富的道路呢？在困难的环境中挣扎着生存，得过且过成了一种习惯，导致这些人失去了上进心，意志消沉，斗志全无。从心理上来看，这些人也有过不服输的劲头，也与贫困有过抗争，但是由于条件不允许，或者多方面因素的干扰，使得这些人一蹶不振。政府的扶持让他们感觉到生存有了安全感，他们就会本能地想要保护好“贫困”这顶帽子，不愿意摘掉。在他们的意识深处，如果这顶“帽子”摘掉了，生存就会成问题。

贫困地区之所以一直贫困，世世代代都没有脱贫，是由于这里的资源匮乏，没有资源就无法发展经济，没有了经济的带动，就会继续贫困下去。“会哭的孩子有奶吃”，每天都哭就能得到同情。扶贫也一样，继续贫困就自然能得到扶持，于是出现了“越穷越能得实惠”的不良现象。一些地区虽然将扶贫政策落实了，但是仅局限于扶贫物资的分发，思想工作并没有深入，导致贫困群众认为，扶贫就是得到救济，再没有其他的了，没有了救济，就又贫困了。正所谓“穷则思变”，然而部分贫困群众有了条件也不愿意改变贫困的现状，自主创业、自力更生就更是无从谈起了。

贫困的“帽子”能戴一辈子吗？说自己是贫困户，可以换来米、面、油，可以换来几头牲畜，也可以定期地拿到救助金。但是，想要走上富裕的道路，想要真正意义地从现有的贫困中走出去，就要利用好政府给予的扶贫条件，自力更生、艰苦奋斗。

不怕人穷，就怕心穷。要让贫穷的群众脱贫致富奔小康，改变贫困地区的生活环境非常重要。如果一个区域的资源丰富，有本地特色的集体产业，就会吸引投资。生存在这里的人对过上富裕生活就会有更高的敏感度，也会有更高的竞争意识，会努力让自己比别人更富裕、更幸福。

现在来看，扶贫起步了，可是让贫困群众摆脱贫困却成了难题，“赖贫”成了重要的一关。要知道，“赖贫”的后果是非常严重的。一旦“赖贫”成为一种风气，就会让那些贫困户“胃口大开”，他们就不会满足于政府送的救济物了，甚至喝酒、娱乐都会让政府买单。政府扶贫本是一件好事情，结果却滋生了这样的不良风气，就得不偿失了。中国要消除贫困，就要将“赖贫”风气坚决铲除，从思想上解决贫困群众的贫困问题，先“正风气”，之后再“救济贫困”。让这些贫困群众知道外面的世界是什么样的，知道什么样的生活才是幸福的，贫困群众的视野拓展了，对美好生活就会充满希望，就不会安于现状了。

目前中国的多数农村地区在经过政府扶持之后，就走上了自主发展的道路，只有少部分贫困群众对脱贫缺乏主动性，主观上不愿意脱贫，希望能继续享有优惠政策。一些贫困群众明明已经脱贫了，却造假隐瞒自己的经济收入，将欠外债的额度有意识地增加，甚至在一些地区出现了争当贫困户的现象，走到哪儿都哭穷，扮演贫困者的角色。不得不说，这些人为了享受政府的这点优惠待遇，都摇身一变，成了“戏精”，使出浑身解数，演得惟妙惟肖。

脱贫户“赖贫”，源于他们对自己缺乏信心，认为失去了政府的支持，自己就不再有致富能力了，所以就害怕脱贫，对致富也缺乏主动性。“赖贫”的存在，除了贫困群众自身的问题之外，扶贫工作人员的工作不到位也是重要的问题。一些地区的扶贫工作过于重视物质上的帮扶，没有给予贫困群众精神上的帮扶，让一些人动用了“捡便宜”的心思。扶贫工作不仅要在物质上进行帮扶，更要注意精神上的引导，帮助贫困群众树立靠劳动走上富裕道路的理念，引导他们选择正确的致富方向，激发他们的主观能动性。

另外，还要让他们知道，幸福不是等来的，也不是靠政府救济得来的，而是用自己的奋斗获得的，以此来激发他们的斗志。一些地区所存在的虚报债务的现象要严厉制止，混在贫困群众中的脱贫者都要严肃处理，将这些人从贫困人群中清理出去。贫困仅仅依靠救济是不够的，而是要让他们有通过劳动获得经济收入的机会，通过技能培养让这部分群体有一技之长，能够创造劳动价值。政府的扶持不应该是一味地给予资金及物质救济，而应该更多地为他们创造就业条件，让他们通过实现就业赚取收入摆脱贫困。当贫困群众通过劳动获得的收入远远超过了政府的救济，他们就更愿意努力劳动让自己过上幸福的生活，不需要等着政府的“一箪食，一瓢饮”了。

## 重方法——授以渔，不授以鱼

中国要实现共同富裕，就要改善民生，将所有的贫困消除。多年以来都非常重视扶贫工作，虽然取得了一定的成效，但是依然存在不完善之处。脱贫工作并不是简单的靠政府的救济帮助贫困群众解决温饱，而是让他们有能力自主追求幸福，创造属于自己的幸福生活。所以，扶贫不是单一化的救济工作，而是一项系统工程。要将这项系统扶贫工程落实到地方，就要做到精准扶贫。精准扶贫不是在确定了贫困户之后，简单地对贫困群众进行救济，而是要打破只进不出的局面，对贫困群众实行动态管理，让贫困群众接受政府的扶持待遇。贫困群众在符合脱贫标准后，就要重走自主劳动致富的道路，摘掉贫困的“帽子”。精准扶贫的重点在于“精准”，扶贫工作人员要精准调查，对扶贫工作要有积极意识，还要做好摸底排查工作，不要让“赖贫”的脱贫户混在贫困群体中占便宜。

在中央扶贫开发工作会议上，习近平总书记强调，要精准扶贫、精准脱贫，重在提高脱贫攻坚成效。扶贫工作要灵活展开，就要做到因地制宜，还要考虑到贫困户的真正需要，有针对性地展开扶贫工作。扶贫不再以物质上的帮助为主，而是将重点定位在产业扶贫上，让扶贫工作有组织地展开。

产业扶贫就是将贫困人口组织起来，通过产业扶持，让农村贫困人口摆脱贫困，用这种方式不仅可以解决贫困群众的生存问题，还可以推进贫困群众走上自我发展的道路。产业扶贫是扶贫工作的主战场，也是帮助贫困群众脱贫的重要途径。在脱贫工作中，产业扶贫起到了带动作用。如果没有产业扶贫的带动，仅仅依赖于给钱给物，只能解决贫困群众的燃眉之急，无法达到开流活源的效果。扶持贫困群众是让他们对自己的生活充满信心，让他们获得可靠的保障，而不是一时的救急解渴。所以，打赢扶贫攻坚战任重道远。

产业扶贫需要充分开发和利用当地优势资源，所以不可以千篇一律，要做到因地制宜。在产业的选取上，要从当地的自然环境条件出发，避免出现水土不服的现象。了解当地的资源，对资源合理利用的同时，还要考虑到技术条件。

要充分发展产业扶贫的效益，就要努力打造特色产业扶贫模式，形成产业扶贫价值链体系。将政府、企业、金融机构、保险等联结起来，带动农村特色产业发展，共同为贫困户提供帮助，指导贫困户如何摆脱贫困，如何自力更生。比如，政府发放贫困物资会给农户提供“扶贫羊”，把羊羔分给贫困户后，农民不会养，农民就会觉得与其等着羊死掉，莫不如杀了吃肉或者卖钱。这就没有达到真正意义的扶贫效果，这个时候可以换一种“扶贫羊”的发放方式，金融机构贴息贷款，企业将“扶贫羊”提供给贫困户，还为贫困户提供养殖技术，保险公司提供保险担保，展开系统化的产业扶贫，这样才能切实有效地做好产业扶贫工作。

既然扶贫产业化了，就要与经济挂钩，不仅让贫困户脱贫，还要增加经济收入，保证贫困户参与到产业活动中，能够长期受益，而且保证收入的稳定性，摒除原有的扶农不扶贫问题。

比如，2017年广东省化州花心村就走上了产业扶贫的道路，利用当地的优势资源，开始筹建桑果园扶贫项目。桑果园就在花心村往平定方向的大路两边，约40亩，郁郁葱葱成方成片的桑椹树。目前，首批桑果树已经结出过第一批桑果，每棵桑椹树可收桑果10～13斤，每亩约200棵，按时价亩产值达4万～5万元，40亩收入约200万元。桑果成熟的时节，村委会每天都会安排村民去采摘桑果，并送出镇上销售。由于桑果酸甜可口，而且具有滋阴补肾的功能，每天采摘的桑果供不应求。另外，村委会和扶贫工作队还想出了走农家院的路子，通过收门票的方式，让观光旅客享受桑果园的采摘乐趣，进入桑果园采摘桑果可以随便吃，采摘带走的桑果就按照市场价结算。这种方式在节省采摘人工的同时，又提高了销售，有力提高了村民的收入。另外，桑果树的叶子也有一定的商业价值，能卖给蚕农喂养桑蚕。可以说，桑果基地方方面面都为农民带来经济效益，该项目真正做到带领农民脱贫致富。现有关旅游设施正在完善中，后续还会不断开发配套产业扶贫项目。在一些地区还采用了“效益到户”的扶贫方式，改变了将扶贫资金直接给贫困户的方法，而是将这笔扶贫资金给合作社，发挥合作社的带动作用。合作社有良好的产业技术，将扶贫资金转化为贫困户的产业股份，让贫困户以入股的方式参与到产业中，根据产业的发展情况让贫困户享受股金分红。将贫困户与产业发展之间建立利益机制，激发贫困户的脱贫意识。

扶贫项目能不能精准到户？关键是模式创新。河南省渑池县柳庄村就采取变“资金到户”为“效益到户”的扶贫创新模式：按照“资金入股、配股到户、保底分红、脱贫转股、共享收益”原则，整合各类扶贫帮扶资金作为入股资金，量化成股权后投入辖区内农业龙头企业，让贫困户变成股东，从企业的产业发展中分红受益。

这一扶贫创新模式让柳庄村村民尝到甜头。“村民入股后成为股东，主人翁意识、责任意识等明显增强，真正把基地当作自家地来种。”这种模式与将土地流转给企业经营，村民只能拿到固定的土地租金不同，村民自己成为“股东”后，村民收益不仅有固定的土地租金，还有企业保底分红，另外还可以在企业打工，原来的土地多了好几份收益，而且土地产权仍归村民所有。

农民变“股东”，加快了农村土地合理流转，在农村劳动力大量弃农务工的情况下，不仅盘活了抛荒、闲置的耕地资源，而且实现了农业集约化生产，大大提高了村民的脱贫致富积极性。

渑池县柳庄村打出的精准扶贫“组合拳”——种地收租金、资金变股金、农民变股民。这给柳庄村所有贫困户带来了全新的生活，一定程度上实现了就业帮扶，也真正意义上实现脱贫致富。

所以，要做好精准扶贫工作，就需要帮扶单位打破单纯给钱、给物的扶贫方式，对于扶贫政策落实要做到因地制宜，根据当地的产业发展灵活运用，引导贫困帮扶对象正确认识到政府的扶贫方针，帮助贫困户树立自立自强意识，让贫困农民成为有追求的新型农民，对美好生活充满期待，愿意用自己的双手实现脱贫致富。在帮扶工作中，更要重视产业技能培训帮助，对贫困群众做好免费技能培训工作。

在技能培训中，要采用各种方式，充分利用各类媒体平台，让贫困户有机会接触先进的产业技术，对时代的发展有所认识，紧跟时代发展的步伐走上脱贫致富的道路。在帮扶工作中，除了宣讲扶贫政策之外，还要指导产业发展思路，为贫困群众进行思想教育，通过各种典型案例打破他们安于现状的思维，并为他们提供政策咨询服务、技术帮扶服务和维护权益的服务。扶贫事业要具有可持续性，就不能将贫困群众的脱贫作为主要的目标，而是要落实到当地经济可持续发展上。在对贫困群众的教育中，扶贫感恩教育也是必不可少的，让贫困户认识到接受政府的扶持要懂得感恩，自力更生、脱贫摘帽就是最好的回报方式，而不能总是离不开政府帮扶。感恩教育的同时要强调内生动力对自主发展的重要性，通过宣传教育，对贫困群众进行精神上的帮扶，不仅让贫困群众的口袋中钱更多，而且头脑也会灵活起来，让他们的富裕之路更有可持续性。

## 因地制宜，深挖“差异性”资源

总体而言，中国的扶贫工作还是有成效的。根据相关数据表明，从2013年至2016年，农村贫困人口的数量都在逐步减少，平均每年的贫困人口数量减少1000万人，贫困发生率也不断降低。2012年年底，贫困发生率为10.2%，到2016年年底，贫困发生率下降到5.74%。贫困地区农村居民的经济水平也有所提高，而且贫困地区的生活环境明显改善。在脱贫工作上我们获得了一定的成功，积累了经验，但是也存在着不足的地方。脱贫工作虽然取得了一定的成果，但是依旧任务艰巨，而且没有脱贫的群众困难程度很深，不仅基础弱，而且缺乏脱贫的条件。这就需要扶贫队伍对脱贫攻坚方向正确把握，量力而行，保证扶贫质量，不可以出现形式主义、走过场的表面工作，要在扶贫工作中务实，让脱贫工作得到认可，经得起群众的检验。

扶贫工作任重而道远，在开展过程中不可避免地会存在各种问题，即便是建立了各种扶贫项目，也没有全部达到预期的扶贫效果，主要原因还是由于针对性不强导致的，很多贫困地区都只是做到了“扶农”，而没有达到“扶贫”。

比如，一些地区启动了扶贫搬迁工程，让居住在隐患频发地区的贫困户搬离原来的地方，居住在更好的生活环境中。可是，这样的项目展开得并不是很顺利。搬迁并不是想让农户从原来的地方搬到指定的地方就够了，还要考虑到搬迁资金的问题，农户搬到新地方后的生存问题等等。事实表明，通常搬迁的都是经济条件比较好的农户，而贫困户由于资金问题依然是搬不起的。在一些扶贫项目中，无论是产业扶贫项目，还是劳务扶贫项目，中等收入的农户和高收入的农户都受益较大，贫困的农户当然也有受益的，但是所占有的比例很小。

湖南省湘西土家族苗族自治州有一个十八洞村，这里有花垣“南大门”之称。十八洞村居住着苗族居民，保留了苗族原生态文化。在十八洞村梨子寨入口处，立着一块刻着“精准扶贫”的石头。2013 年 11 月 3 日习近平总书记就是从这里走进梨子寨，与村民拉家常，话发展，做出了扶贫要“实事求是、因地制宜、分类指导、精准扶贫”的重要指示。现在的十八洞村不比从前了，不仅脱了贫，生活条件更是改善了不少。

十八洞村在脱贫致富上就做到了因地制宜，积极发展特色产业。关于十八洞村扶贫工作的开展，习近平总书记要求十八洞村搞扶贫“不栽盆景、不搭风景”“不能搞特殊化，也不能没有变化”，扶贫方法要“可复制、可推广”。扶贫工作队开始挨家挨户地鼓励村民走脱贫致富的道路，这里的居民都发挥了自己的特长，有养蜂的，也有开发苗绣旅游商品的等等。十八洞村还积极挖掘民族文化元素，带动当地向旅游方向发展。

现在国家倡导旅游经济开发，而且人们也乐于体验各种民族风情，十八洞村拥有宜人的风景，浓厚的苗族风情，为什么不把这些资源充分利用起来呢？无论是风景旅游，还是文化旅游，十八洞村都有足够的资本。

找到了可行的发展方向，帮扶队伍立即付诸实践，十八洞村开始走上旅游开发道路，给每一户都发了树苗，包括冬桃树苗、黄桃树苗等等，还给每户发 300 尾稻花鱼。这些都是根据当地特色选择的，成活率很高，不仅可以让村子的风景更优美，还可以创造经济收入。

习总书记的到来，让十八洞村民看到了希望。当地人立刻醒悟过来，这个地方长期有人类居住，就一定会有特色。这么好的资源怎么就没有想到挖掘呢？是不是“贫穷限制了人的想象”，不得而知。反正习近平总书记来了，将致富的思路提出来，当地的村民如醍醐灌顶一般想明白了很多的事情。

习近平总书记走后，精准扶贫工作开始落实，首先做的就是对符合当地特色的脱贫致富路进行探索。

2014 年，花垣县委派了一支 5 人扶贫工作队进驻十八洞村，队长龙秀林当时是县委宣传部副部长。龙秀林说，刚来时，不少村民在底下窃窃私语，说他要钱没有，要项目也没有，顶多只带了一张嘴。

当时，不少外出打工的村民也赶回家，准备分钱。看到几个月过去了，没有听说发钱的事情，就以为是被扶贫工作队贪污了呢。龙秀林有些尴尬了，也感到失落。这让龙秀林明白，十八洞村是穷在思想上了，不是穷在钱上了。所以，激发十八洞村村民脱贫的内生动力是至关重要的。龙秀林只能一遍又一遍给村民做思想工作，告诉大家，总书记说了，十八洞扶贫不能搞特殊化，方法要“可复制，可推广”，扶贫还得靠自己。

但仍有不少村民不理解。有村民甚至在村部偷偷写下大字报：“工作队，瞎指挥，没有补偿就修路。”

扶贫队伍灰心失落的同时，只能铆足了劲儿用实事工作否决村民的大字报，扶贫工作还是如火如荼地展开，他们将突破点放到了首先确定贫困家庭和贫困人口上。在一个村子里，要衡量谁家贫困，经济收入是依据，还要参考健康状况、教育情况、住房条件等等，对农户进行识别，还要组织民主评议，公示公告，让所有的村民都知道，表示没有异议了，就可以将贫困户确定下来。之后还要经过逐级审核，严格把关，做到精准识别贫困户，还要建档立卡，对贫困户动态管理，能进能出。当时的十八洞村为了精准识别出真正的贫困户，征求了村民意见，将贫困户识别标准制定出来。最终识别出 136 户贫困户，村里人对公布的结果也都是比较服气的。

在评审贫困户的标准中，有一项是不支持村里公益建设不能被评为贫困户。当时很多人对这个标准不理解，扶贫是扶持贫困对象，与支持公益事业有什么关系？扶贫工作队表达了自己的看法，如果不支持公益事业建设，对其他人就没有好处，扶贫工作就会变得被动了。

扶贫工作队的第一件事就是修机耕道，让当地的村民上山做农活更加方便一些。修路的过程中必然会占用村民的田土，一些农户很不满意，拦着挖土机不让施工。扶贫工作队没有办法，按照苗族的习俗喝鸡血盟誓，才算把工作做通了。不仅如此，当时的扶贫工作真是举步维艰。农网改造需要做个电杆，老百姓就是要钱，不让改。扶贫工作队意识到思想工作太重要了，思想没做通，扶贫工作就很难顺利展开。于是，十八洞村里搞起了“思想道德建设星级化管理模式”，由村民自己来管理村民。以村小组为单位，让村民之间相互评议、打分，再根据得分评定星级，并将星级牌贴在每家每户。评议内容包括支持公益、遵纪守法、个人品德、家庭美德、社会公德、职业道德六个部分。采用这种评比的方式，将村民的荣誉感调动起来，阻挠扶贫工作的村民减少了。

十八洞村终于变了一番模样，2016 年，整个十八洞村的人均纯收入就已经达到了 8313 元。2017 年 2 月，十八洞村实现了脱贫摘帽。

想想十八洞村原来的模样，不仅没有一条像样的公路，用水、用电都是问题。整个的村庄人均 0.8 亩耕地，用于自给自足，虽然种点烟叶，也没有获得多少经济收入。很多的年轻人都到外地打工去了，将工资收入寄回家，这是当地居民唯一的经济来源。十八洞村是一个交通闭塞的地方，这也是贫穷的主要原因。当地的村民长期过着贫穷的生活，也就产生了宿命思想，也就得过且过了。

精准扶贫成功地让十八洞村脱贫了，走上了致富的道路。十八洞村的扶贫成功了，扶贫工作队并没有从这里离开，而是留在十八洞村继续为这里提供扶贫服务。很多区域的扶贫工作人员，都到这里来学习扶贫经验，为帮助扶贫区域真正意义地做到脱贫摘帽。当然了，也有人想要知道十八洞村享受了哪些优惠政策。十八洞村对此很是自豪，因为他们走的是自力更生的脱贫摘帽道路，并没有享受优惠政策，也没有得到一分钱的救济，而十八洞村却成了精准扶贫中的明面。十八洞村的精准扶贫工作的路径是可以复制的，也是可以推广的。

十八洞村脱贫摘帽了，“脱贫”的目标实现了，但是这仅仅是一个小目标，要实现大志向，这还远远不够。十八洞村脱贫之后，还要走上致富的道路，这才是最终的目标。脱贫工作要做到位，就要保证持续脱贫，不能让村民脱贫了之后还返贫。当十八洞村摘掉贫穷的帽子之后，就进入到新的起步阶段，沿着致富的道路逐步前行。这一次精准扶贫就是吸取了过去的粗放式扶贫教训，虽然贫困人口可以一次性地得到 3000 元的财政补贴，但是，并不是将现金都发放给村民，而是根据农户的需要动用这笔补贴，帮助农户发展合适的产业。这一次的十八洞村精准扶贫是一步险棋，比如，将每人的 3000 元财政补贴集中入股，用于种植果树。十八洞村的猕猴桃种植就采用了这种方式，如果一个家庭里是 3 个人，就可以得到 9000 元补贴。9000 元补贴怎么用呢？村民们并不会规划，这笔补贴就没有被充分利用起来，无法获得良好的扶贫效果。

十八洞村的猕猴桃种植就采用了异地流转的方法，建设 1000 亩猕猴桃种植基地，与企业合作，村民可以入股。企业占有 51% 的股份，村民占有股份 49%。所有入股的资金加在一起，还需要 1600 万元资金。考虑到十八洞村的脱贫致富要可复制、可推广，就选择了贷款的方式。一听说是扶贫村，银行也知道这笔资金贷出去是存在一定风险的。最终十八洞村用土地经营权抵押，获得了 1000 万元资金。这笔 1000 万元的资金不是平常的“等、靠、要”方式获取的，而是采用这种自力更生的方式解决的。按照十八洞村成功脱贫摘帽的事例，到 2020 年，中国所有贫困人口也将会如期脱贫。

## 智慧扶贫，开辟“在线扶贫”新途径

目前看来，中国部分农民依然很贫穷，并不是因为这些农民没有努力去脱贫，而是因为很多地方农村的发展模式没有跟上时代发展的步伐。在农业文明的发展时代中，没有与商业文明充分结合，使这些农民依然持有传统的农业思想，没有对农业发展建立商业思考模式。目前扶贫工作的主要任务就是扶持贫困农民，帮助他们摆脱贫困，走上致富的道路。扶贫、脱贫和致富存在着关联性，但是三者的内在含义各有不同。扶贫是“给人以鱼”，给贫困的农民以物质上的帮助；脱贫就是“授人以渔”，指导农民获得经济收入的方法，让农民摆脱贫困；致富就是“造鱼塘”，给农民们创造农业产业化的机会，带动农民走上农业现代化的道路。当农业发展的模式跟上时代的发展步伐，农民也就有了致富的希望。

对于扶贫的问题，阿里巴巴主要创始人马云提出了自己的看法，要解决农民的贫困问题，就要从源头上解决。中国的联产责任承包制解决了土地上的农业成果归属问题，现在农村还存在着教育资源匮乏的问题，虽然医疗健康资源在不断完善，但是与城市相比尚存在一定的差距。现在已经进入大数据时代，农产品销售的问题通过网络平台可以很好地解决，这样可以使土地增值，农民会认为种地能够获得经济利益，也就愿意回到农村，从事农业工作。

这种“在线扶贫”，不仅是让贫困的农民摆脱贫困，还要让他们在致富的道路上持续发展，这是农村的发展模式要跟得上时代的主要目标。过去的扶贫是有障碍的，精准度不够，这是由于扶贫缺少技术的支持。精准扶贫要找准扶贫的对象，给贫困人口建档立卡，扶持真正贫困的人。要对这些信息进行收集、统计，从中挖掘出符合贫困户标准的信息，如果没有技术支持是很难做到的。为了对全国贫困人口充分掌握，国家曾几次尝试着建档立卡，但都是由于缺乏技术支持没有实现。应用互联网技术的开发，使全国各地的贫困人口信息就都可以快速收集、汇总，将所有的信息传输到有关部门。现在识别农村贫困人口的方式以及对农村贫困人口内容的记录和统计数据都是在基层登记完毕之后就直接传到有关部门，之后就直接得出结果了，不需要经过层层上报的，也不会有修改和矫正。

“在线扶贫”是将精准扶贫的“经络”打通，利用大数据与智能技术共同助推精准扶贫，让扶贫工作应用大数据技术实现精准化，推动扶贫工作不断创新，从而将扶贫格局构建起来。应用网络技术将全国的贫困人口连接起来，在网络平台上实现信息共享，可以让贫困信息透明化。利用大数据技术对贫困信息进行审核，提高扶贫对象的精准度，扶贫工作也会根据贫困户的需求以及当地的资源情况予以扶持，使大数据技术对扶贫起到了一定的推动作用。

由于贫困的复杂性，且贫困对象不是固定不变的，而是动态变化的。对贫困户的辨识中，采用大数据技术可以对扶贫对象的信息进行全面分析，通过运行大数据扶贫系统获得精准的信息。将专用的扶贫平台建立起来，解决扶贫对象的各种问题。应用大数据技术使得精准扶贫打破地域限制，一些关于扶贫对象的碎片信息以及分散在不同地区的扶贫对象可以在这个平台上建立联系，对于有关扶贫对象的信息进行分析，并做出评估。根据评估的结果就可以对救助标准准确界定，对于扶贫对象的范围也能够确定下来，诸如扶贫对象的个人信息、接受教育的程度、家庭状况等都能准确界定。根据扶持对象的需求做出评估，做到扶持精准到户，由此降低扶贫对象确定中由于人为因素导致的失误，将真正需要扶持的贫困户确定下来。

这种“在线扶贫”的优点在于，可以将评估的结果具体化。扶贫工作是具有阶段性的，不同阶段的扶贫对象和扶贫内容都会不同。精准扶贫要求扶贫要高精准度，应用大数据可以保证信息的真实可靠，而且信息能及时传递，让每个阶段的扶贫工作保质保量完成，让脱贫取得时效性。

新时代，新方法。中国移动也持续积极响应国家精准扶贫号召，在贫困地区全力推进网络覆盖，通过自主开发的精准扶贫系统，让远在深山的贫困人口，也能与世界连接。

中国移动精准扶贫系统有效地解决了扶贫工作中信息不对称、动态管控难、供需匹配难等问题，利用大数据技术使扶贫更加精准。到目前为止，这套系统得到良好的利用，已在全国55个市县落地，覆盖697万贫困人口，服务将近40.8万扶贫队伍。

湖南省湘西自治州花垣县边城镇的磨老村就很好地利用这套系统，这个村子共有43个贫困户家庭，贫困群众179人，人多地贫、山高水急，村民依靠原始耕作一年户均收入只有2300元左右，大量的年轻人不得不外出务工，造成了“一把柴火几炉烧，满寨伢儿无人教”的情况。2017年1月，中国移动自主开发的精准扶贫系统在花垣县落地应用，经过一年半的深耕，与当地政府、扶贫干部、社会公益力量进行了深入的融合，通过信息化方式助力当地扶贫工作，以电商扶贫的方式打开了乡村与数字化时代接轨的大门，帮助贫困的村民建立了农特产品的电商销售渠道。

磨老村的电商扶贫，是中国移动精准扶贫系统推广覆盖过程中的一个缩影。这套由中国移动在线公司自主研发的信息化系统，以信息化方式服务地方基层政府和贫困百姓，取得了精准扶贫的实效。

精准扶贫系统的核心优势在于通过信息化方式解决扶贫领域信息对称难、动态管控难、供需匹配难等问题，努力实现扶贫信息的精准推送、扶贫数据的准入真出、扶贫资源的开放聚合。在建设精准扶贫系统的同时，中国移动还以高度的社会责任感，为没有能力购买手机或支付话费的贫困户提供援助。仅在湖南省，2017年精准扶贫系统共为40.1万贫困群众提供了包含100分钟通话和500M流量的“扶贫联络卡”，为32.5万贫困群众提供了智能手机。

中国移动精准扶贫系统将在良好的基础上，稳步拓展平台能力，融合 AI 等先进技术，大力开拓面向农村、农业、农民的数字化服务，为脱贫攻坚工作插上“互联网 +”的翅膀，革旧布新，整合资源，提高效率，加大力度助力国家乡村振兴战略的落地实施，助力基层政府扎实推动贫困群众脱贫致富，持续不懈地为全面建成小康社会贡献自己的力量。

中国移动精准扶贫系统为进一步开发扶贫新途径提供了基础，在此基础上，也要持续深化“脱贫攻坚信息化工程”，提高脱贫攻坚的精准性和有效性，促进贫困地区和贫困群众自主脱贫、稳定脱贫，实现脱贫攻坚到社会保障的对接。

**图书在版编目（CIP）数据**

中国活法. Ⅲ / 张子毅 著. — 北京 : 东方出版社，2019.3
ISBN 978-7-5207-0778-7

Ⅰ. ①中…　Ⅱ. ①张…　Ⅲ.①个人—修养—通俗读物　Ⅳ. ①B825-49

中国版本图书馆CIP数据核字（2018）第299349号

**中国活法Ⅲ**

（ZHONGGUO HUOFA III）

**作　　者**：张子毅
**责任编辑**：王　端　叶　银
**出　　版**：东方出版社
**发　　行**：人民东方出版传媒有限公司
**地　　址**：北京市东城区东四十条113号
**邮　　编**：100007
**印　　刷**：三河市金泰源印务有限公司
**版　　次**：2019年3月第1版
**印　　次**：2019年3月第1次印刷
**开　　本**：880毫米 × 1230毫米　1/32
**印　　张**：7.25
**字　　数**：143千字
**书　　号**：ISBN 978-7-5207-0778-7
**定　　价**：42.00元
**发行电话**：（010）85924663　85924644　85924641